경이로운 5세대 전투기

F-35

머리말

록히드 마틴 F-35 라이트닝Ⅱ는 현재 개발작업이 진행 중인 미국의 최신예 다용도 전투기이다. 미국에서 2005년 4월에 공군의 최전선 전투비행대대에 배치하기 시작한 록히드 마틴 F-22A 랩터 이래 가장 최신전투기이다. 그리고 제작사인 록히드 마틴에서는 이 두 항공기를 '5세대 전투기'라고 부르며, 현재 실용화된 다른 모든 전투기보다 훨씬 진화했다고 강조한다.

실제로 F-22와 F-35는 지금까지의 전투기에는 없던 몇 가지 특징이 있다. 그 특징들을 이 책에서 하나하나 살펴본다. 같은 5세대 전투기라 하더라도 F-22와 F-35는 차이가 있다.

첫째, F-22도 공대지 공격력을 갖췄지만 기본적으로는 공대공 전투에 주안점을 두고 개발했다. 그런데 F-35는 처음부터 다용도 전투기로 개발했다. 2007년에 록히드 마틴을 취재했을 때 그 사실을 뒷받침하는 설명을 들을 수 있었다. F-15나 F-16 등 4세대 전투기에 비해 F-22와 F-35의 능력은 다음과 같다.

[공대공 임무]

- 생존성 : F-22는 9배, F-35는 4배
- 효과 : F-22는 10배, F-35는 4배

[공대지 임무]

- 고정표적 : F-22는 5배, F-35는 8배
- 이동표적 : F-22는 4배, F-35는 9배

이처럼 공대공 임무에서는 F-22가 효과적이지만, 공대지 임무에서는 F-35가 높은 능력을 보였다. 또한, 정보수집력도 F-35가 각종 센서를 장착했기 때문에 F-22를 약간 능가한다.

둘째, F-22는 개발 당시부터 수출하지 않겠다는 원칙을 내세움으로써(실제로 1대도 수출하지 않았다) 기술정보가 유출되지 않는 대신에 그만큼 가격이 비싸질 것을 각오하고 최신 기술을 한껏 적용했다. 하지만 F-35는 처음부터 여러 동맹국에 수출할 목적으로 개발했다. 그리고 개발작업 단계부터 일부 국가를 참가케 하는, 이례적인 방식을 채택했다. 이미 NATO의 많은 국가들이 F-35를 원해서 새로운 공통전투기가 되었기 때문에, 환태평양 지역에서도 F-35가 공통전투기가 된다면 동맹국끼리 장비를 통일하여 작전과 운용을 공동으로 수행할 수 있을 것으로 기대되고 지역 방위 체제를 튼튼하게 구축할 수 있을 것이라고 록히드 마틴에서는 설명하고 있다.

셋째, F-35 개발을 시작한 합동공격전투기(joint strike fighter, JSF) 계획은 동서 냉전이 끝난 후 시작되었다. 변화하는 세계질서에 대응해서 개발한 최초의 전투기이다. 냉전이 종결됨으로써 전 세계의 많은 국가가 군대 규모를 축소하고 국방예산을 삭감했다. F-35는 F-22가 개발된 이후에야 실용화가 가능해진 신기술까지 도입해서 적은 수량으로도 큰 작전능력을 유지할 수 있는 높은 성능을 갖추는 동시에 각종 경비를 최대한 줄일 수 있게 될 것으로 기대하고 있다. 미국의 경우만 하더라도 서로 요구 사항이 다른 공군, 해군, 해병대의 새로운 전투기를 F-35로 통일해서 개발 · 제작 · 조달 · 운용 등의 경비를 절약하기로 했다. F-35는 실로 새로운 시대에 적합한 전투기로 개발하였다고 할 수 있다.

1991년 4월에 미국 공군이 F-22를 채택하기로 결정하고, 2001년 10월에 JSF 개발 업체를 록히드 마틴으로 선정하는 등 미국의 신세대 전투기 제작 업체는 록히드 마틴으로 굳혀졌다. 그래서 저자는 록히드 마틴을 취재하는 횟수가 많아졌다. 솔직히 2000년대 중반까지는 주요 취재 대상이 F−22였다. 물론 록히드 마틴을 방문할 때마다 F−35에 관해서도 취재했지만, 그다지 상세하게 취재하지는 않았었다. 그러나 F−22의 생산종료가 눈앞에 닥친 오늘날, F−35의 존재는 더욱 큰 의미를 띤다. 알다시피 일본 항공자위대의 차기전투기 후보 기종 중 하나가 F−35이고, 록히드 마틴도 일본 방위성에 차기전투기로 F−35를 제안했다. 그래서 저자는 2011년 초에 F−35에 관해 본격적인 취재를 시작했다.

이 취재에서는 기체 부문뿐만이 아니라 센서 부문과 무장 부문도 방문했다. 엔진을 개발 · 제작하는 프랫 & 휘트니, 레이더를 제작하는 노스롭 그루먼, 각종 무기를 개발하는 레이시언 등 미국 각지를 돌아다녔다. 그 성과도 물론 이 책에 담았다. 또한, 그 후로도 최대한 최신 정보를 반영하려고 노력했다. 다만, F−35 자체가 아직 개발 단계에 있기 때문에 앞으로의 작업에 따라서는 기본적인 부분은 변경되지 않겠지만, 세부적인 부분은 여러 가지로 변경될 수 있음을 미리 밝혀둔다.

마지막으로, 이 책을 집필하는 과정에서 과학서적 편집부의 마스다 겐지 씨로부터 여러 가지 도움을 받았다. 이 자리를 빌려 감사의 말씀을 올린다.

2011년 6월

아오키 요시토모

차례

제3장
테크니컬 가이던스

제4장
F-35의 무장

제5장
F-35의 운용

제6장
F-35의 라이벌

제1장

F-35의 탁월한 능력

F-35는 하나의 기본 설계에서 공군용, 해병대용, 해군용 등 3가지 형태가 개발된다. 또한, 신세대 전투기의 필수요건인 높은 스텔스성도 설계에 포함되었다. 이 장에서는 F-35의 개요를 설명한다.

F-35 LIGHTNING II

F-35의 목적

록히드 마틴 F-35 라이트닝Ⅱ는 미군의 합동공격전투기(joint strike fighter, JSF) 계획으로 개발된 다용도 전투기로, 2001년 10월 26일에 채택을 결정했다. 이 새로운 전투기 계획은 미국 공군, 해군, 해병대에서 1980년대 중반 이후에 실용화된 각종 전투기와 공격기가 21세기에 들어서 퇴역 시기가 다가왔기 때문에 그 후속기를 개발하려는 목적으로 세워졌다. 구체적인 퇴역 대상은 미국 공군의 록히드 마틴 F-16 파이팅 팰컨과 페어차일드 A-10 선더볼트Ⅱ, 해군의 보잉 F/A-18A~D 호넷, 해병대의 보잉 F/A-18C/D 호넷, 보잉 AV-8B 해리어Ⅱ 등이다. 당초 이들의 후속기들은 개별적으로 연구하고 있었다. 그러나 1980년대 말에 동유럽에서 민주화 운동이 시작되고 1991년 12월 25일에 소련이 붕괴하자, 미국과 소련을 중심으로 한 동서 냉전이 종결되고 미국은 국방예산을 삭감하는 동시에 군대규모를 대폭 축소했다. 이런 정치 환경에서 각 군이 요구하는 새로운 전투기와 공격기를 개별적으로 개발하는 것은 낭비라는 인식이 팽배해졌고 재정적으로도 어려워졌기 때문에, 각 군의 후속기 연구들을 일괄하게 되었다. 이렇게 해서 JSF 계획을 시작하게 되었고 기종선정작업을 착수하게 되었다.

근대적인 전투기의 대다수는 다양한 종류의 전자기기를 장착하고, 무장장착 능력도 여러 관점에서 제각기 설계되기 때문에 근본적으로 다용도 전투기의 성격을 띤다. 따라서 같은 기종을 각 군이 제각각 도입할 수도 있는 것이다. 그런 기본적인 부분에서는 공통성을 찾았지만, 한편으로 각 군의 세부적인 요구사항은 달랐다. JSF 계획에서는 동일한 설계의 기본 프레임을 활용해서 각 군의 서로 다른 요구사항을 충족하도록 변경하는 것을 목표로 정했다. 해군은 항공모함에서 주로 운용하기 때문에 가능한 한 진입 속도가 낮은 것을 원했고 착함에 견딜 수 있는 강도, 그리고 되도록이면 커다란 전투행동반경을 요구했다. 해병대는 수직/단거리 이착륙(vertical/short take-off and landing, V/STOL)기인 AV-8B의 후속으로 배치할 생각이었으므로 그와 동일한 능력이 필요했다. 해군과 해병대의 요구를 완전히 동일한 항공기로는 동시에 충족할 수 없었기 때문에 JSF에서는 각 군의 요구를 충족할 수 있는 파생형을 만들기로 했다. JSF의 J는 joint(합동)인데, 한 종류의 장비를 둘 이상의 군 조직이 힘을 모아 같이 개발한다는 의미이다.(역자주: 개발과정에서 위험부담을 나누고(risk control), 최종적으로 비용 및 가격부담을 줄이며(cost control) 우방국/군 간의 운용의 편의(operational standardization)를 도모하고자 하는 개발 방식을 말한다.)

미국에서는 여러 군이 공통으로 장비를 도입(개발)하는 프로그램에 합동(joint)을 뜻하는 'J'를 붙인다. 사진의 V-22 오스프리도 계획명은 군간합동 수직이착륙 시험기(joint-service vertical take-off/landing experimental, JVX)인데, 역시 제일 앞에 'J'가 붙은 프로그램이다.
(사진 제공 : 미국 해군)

F-35 설계의 특징

JSF에서는 앞에서 설명했듯이 각 군의 서로 다른 요구를 하나의 기본설계로 충족하고, 운용 · 유지에 드는 비용도 대폭 절감하려고 하였다. 그 결과 항공기는 여러 형태의 작전상황에서 다양하게 운용할 수 있도록 무장능력이 뛰어나야 했으며, 소형 단발기로서 높은 스텔스성을 갖추어야만 했다.

록히드 마틴은 초기 스텔스 전투기 F-117이나 미국 공군의 발달형 전술전투기(advanced tactical fighter, ATF) 계획으로 개발해서 채택한 F-22 랩터를 통해 높은 수준의 스텔스 기술을 확보하고 있던 터여서 F-35의 설계에 그 기술을 당연히 활용했다. 단발기와 쌍발기라는 차이는 있지만, F-35의 기본적인 형상은 F-22와 유사하다. 한편, F-22의 시제기인 YF-22와 F-35의 시험기인 X-35의 개발 시기에는 10년 정도의 차이가 있기 때문에 그 사이에 실용화가 가능해진 새로운 각종 기술이나, F-117과 F-22를 통해 얻은 교훈 등이 F-35에 도입되었다.

F-35 설계 시 주안점은 역시 3군의 서로 다른 요구에 따라 3가지 형태로 변형하면서도 가능한 한 공통성을 높이는 일이었다. 이에 관해서 다음과 같은 수치를 공개했다.

- 공군형 F-35A : 완전공통설계 부분 39.2%,
  유사설계 부분 41.0%, 독자설계 부분 19.8%
- 해병대형 F-35B : 완전공통설계 부분 29.9%,
  유사설계 부분 37.5%, 독자설계 부분 32.6%
- 해군형 F-35C : 완전공통설계 부분 27.8%,
  유사설계 부분 29.1%, 독자설계 부분 43.1%

독자설계 부분이 가장 많은 해군형도 50% 이상은 완전공통설계나 유사설계가 사용되므로, 각 형태의 공통성은 충분히 높다고 할 수 있다. 또한 설계작업에는 컴퓨터 원용 3차원 프로그램 CATIA를 사용했고, 디지털식 목업(mock-up)을 활용해서 서로 다른 부분의 설계작업을 대폭 합리화할 수 있었다.

그리고 스텔스성을 중시하는 임무를 위해 동체 내에 무장창(bomb bay)을 설치해서 기체 외부에 무장을 장착하지 않아도 된다는 점은 F-22와 똑같다. 다만, 다채로운 작전행동을 수행할 수 있도록 기체 외부에도 무장을 장착하는 스테이션을 설치했다.

단발기와 쌍발기라는 차이는 있지만, F-35의 형상은 F-22 랩터와 유사점이 많다.
(사진 제공 : 미국 공군)

F-35A

미국 공군용 F-35는 통상이착륙(conventional take-off and landing, CTOL)형 F-35A이다. 이 형태가 F-35의 기본형이고, 또한 수출형도 이 형태가 될 예정이다. CTOL형이란 지상 기지의 활주로를 사용해서 통상적인 방식으로 이착륙을 하는 형태로, 보통의 다른 전투기와 동일한 방식으로 운용하는 항공기이다. 특별하지는 않지만 해병대용이나 해군용과 구별하기 위해 F-35A에서는 CTOL이라는 용어를 사용한다.

F-35A는 F-16C처럼 단발전투기이다. F-35A의 전장은 15.67m이므로 F-16의 전장인 15.03m와 거의 같다. 전고는 4.57m로, F-16의 5.09m보다 50cm 정도 낮다. 이는 수직안정판을 2개 겹쳤기 때문이며, 이 설계는 해군형을 만들 때 공통성을 유지하는 필수요소이다. 해군기는 보통 항공모함의 갑판 아래에 있는 격납고에 수용해야 하므로 전고를 격납고 높이에 맞춰야 한다. 쌍발이고 조금 더 큰 F-14 톰캣이나 F/A-18E/F 슈퍼 호넷은 전고가 4.88m이므로, F-35A가 조금 낮다.

한편, F-16C와 크게 다른 부분이 전폭이다. F-16C의 전폭이 날개 끝의 미사일 발사 장치를 포함하여 9.45m(미사일을 부착하면 10.00m)인 데 비해, F-35A의 전폭은 10.67m이다. 주날개 끝에는 미사일 발사대가 장착되어 있지 않기 때문에 실질적으로는 1.3m 정도 커진 셈이다. 이는 당연히 주날개 면적에도 큰 차이가 나게 했다. F-16C의 주날개 면적이 27.87m^{2}인 데 비해 F-35A의 주날개 면적은 42.74m^{2}나 되었다. 전투기를 비롯한 모든 항공기는 기내 연료의 대부분을 주날개 안에 적재하므로 주날개 면적이 커지면 그만큼 주날개 안의 용적도 커진다. 그 결과 연료적재량도 늘어난다. 실제로 기내에 장착할 수 있는 연료의 최대 중량(동체 내 탱크도 포함)은 F-16C가 3,985kg인 데 비해 F-35A

는 8,392kg으로, 약 2.1배의 연료를 수용할 수 있다. 물론 F-16C는 주날개 아래에 보조연료탱크를 달면 연료적재량을 늘릴 수 있지만, 당연히 스텔스성은 크게 저하된다. F-35의 각 형태는 수많은 작전행동에서 높은 스텔스성을 유지하는 데 주안점을 두었으므로, 보조연료탱크를 달지 않고 커다란 작전행동반경을 얻기 위해 기내(특히 주날개 안)의 연료적재량을 늘렸다. 그 결과 F-35A는 기내 연료만으로 약 1,093km의 작전행동반경을 얻을 수 있다. 또한 공군에서 기관포를 내장하기를 원했기 때문에, F-35A는 4포신의 25mm 기관포 1문을 고정 장착했다.

CTOL형 F-35A. [제원] 전폭: 10.67m, 전장: 15.67m, 전고: 4.57m, 주날개 면적: 42.74m^2, 자체 중량: 13,170kg, 통상 이륙 중량: 24,350kg, 최대 이륙 중량: 27,215kg, 엔진: 프랫 & 휘트니 F135-PW-100(드라이 출력 111kN, 애프터버너 출력 178kN급)×1, 기내 연료 중량: 8,392kg, 최대 속도: 마하 1.6, 전투행동반경: 1,093km(기내 연료만으로), 항속거리: 2,222km(기내 연료만으로), 무장 최대 장착량: 8,165kg, 고정 무장: GAU-22/A 25mm 4포신 기관포×1(탄약 수 180발), 하중 제한: +9G (사진 제공 : 록히드 마틴)

F-35B

F-35B는 AV-8B 해리어Ⅱ를 대체하고자 하는 해병대의 요구에 따라 단거리이륙 수직착륙(short take-off and vertical landing, STOVL) 능력을 갖추도록 설계했다. 그런데 이런 능력은 이전에 수직/단거리이착륙(vertical/short take-off and landing, V/STOL)이라고 불렸지만, 실제 작전운용에서는 수직이륙을 거의 하지 않는다. 항공기를 수직으로 이륙하게 하려면 큰 힘이 필요하다. 그래서 장착하는 무기나 연료의 양에 제한이 생긴다. 따라서 수직으로 이륙해서 작전을 수행하면 전투력이 저하되고 행동반경도 줄어든다. 해서 V/STOL은 좀더 많은 연료나 무장을 장착할 수 있게, 짧은 활주를 거쳐 이륙하는 운용방식을 선호한다. STOVL이라는 말은 이러한 실제 운용방식을 더욱 정확히 나타내려는 용어이다.

F-35B의 기본적인 형상은 CTOL형 F-35A와 다르지 않다. 이는 최대한 동일한 프레임(기체)을 사용해서 공통성을 높이려는 의도이다. 하지만 추력 변향식 엔진 배기구나 하향식 분출구의 리프트 팬(lift fan)을 장착했기 때문에 그와 관련된 부분은 별도로 설계했다. 뒷부분 동체 아랫면에는 엔진 배기구를 아래로 향하게 하기 위해 2개의 덮개가 달려 있다. 리프트 팬은 조종석 바로 뒤에 돌출되어 있다. 그 결과 캐노피의 길이가 짧아졌다. 그리고 리프트 팬 부위의 위쪽에 1개와 아래쪽에 2개의 덮개를 설치하여 공기를 빨아들여서 분출할 수 있게 한다. 그리고 리프트 팬 윗부분 덮개의 뒤쪽에는 팬 흡입구로 많은 공기가 들어갈 수 있도록 하기 위해 2개의 덮개가 있는 개폐식 보조 공기 흡입구를 설치하였다. 이런 장비 때문에 B형은 동체 내 연료탱크가 줄어든다.

F-35B가 공중정지(호버링)나 수직착륙을 할 때에는 동체 아랫면에 있는 좌우 무장창의 안쪽 덮개를 연다. 이는 엔진이나 리프트 팬이 만들어

낸 하향식 분출 가스가 지면에 반사되어 오르는 힘을 포착해서 동체를 아래에서 들어 올리는 힘으로 사용하기 위해서이다. AV-8B는 펜스나 기관포 팩을 장착함으로써 동체를 들어 올리는 역할을 하게 만든다. 이를 양력증강장치(lift improvement device system, LIDS)(역자주: 그라운드 이펙트 또는 압축효과를 이용하는 원리이다.)라고 한다.

F-35B의 STOVL 메커니즘은 복잡하기 때문에 개발 단계에서 여러 가지 문제를 야기했다. 예를 들어 엔진과 리프트 팬을 잇는 회전축의 진동이 예상보다 크다는 문제도 있다. 이와 같은 여러 문제가 해결되지 않으면 F-35B는 양산할 수 없을 가능성도 있다(59쪽 참조).

STOVL형 F-35B. [제원] 전폭: 10.67m, 전장: 15.61m, 전고: 4.57m, 주날개 면적: 42.74m^2, 자체 중량: 14,588kg, 통상 이륙 중량: 22,240kg, 최대 이륙 중량: 27,215kg, 엔진: 프랫 & 휘트니 F136-PW-600(드라이 출력 111kN, 애프터버너 출력 178kN급)×1, 기내 연료 중량: 6,124kg, 최대 속도: 마하 1.6, 전투행동반경: 833km(기내 연료만으로), 항속거리: 1,667km(기내 연료만으로), 무장 최대 장착량: 6,804kg, 고정 무장: 없음, 하중 제한: +7G

(사진 제공 : 록히드 마틴)

F-35C

미국 해군용 함상(carrier variant, CV)형으로 설계된 F-35C는 기본적인 형상은 A형이나 B형과 동일하지만, 함상운용을 가능하게 하기 위해 설계가 많이 고려되었다. 가장 큰 차이는 주날개인데, 미국 해군에서 140노트(259km/h)라는 낮은 착함 진입 속도를 요구했기 때문에 주날개를 확대해서 저속비행 시에도 더 큰 양력이 생성되도록 만들었다. 그 결과, 전폭은 F-35A/B가 10.67m인 데 비해 F-35C는 13.11m로 넓혔다. 다만, 되도록 기본설계에 손을 대지 않기 위해 날개 바깥쪽 부분을 연장하는 방법만으로 대형화했다. 또한, 넓힌 날개 때문에 항공모함 위의 공간을 효과적으로 활용할 수 있도록 주날개를 접는 구조를 채택했다. 이 접히는 부분은 F-35A/B의 익단부보다 안쪽으로 설계되어 있어서 주날개를 접었을 때의 전폭은 9.47m가 되며, 이는 F/A-18E/F의 9.94m와 거의 같다. 그리고 이렇게 접히는 부분을 경계로 주날개가 2개로 나눠지므로 움직날개 부분의 설계도 변경하였다. 앞쪽 가장자리 플랩은 접는 부분을 사이에 두고 2개로 나뉘고, 뒤쪽 가장자리는 안쪽이 플래퍼론(flaperon) 그대로이지만, 바깥쪽이 에일러론(aileron)이다. 또한, 주날개의 확장에 따라 균형을 잡기 위해 수직안정판과 수평안정판도 약간 넓혔다.

주날개를 대형화함으로써 그 내부에 장착하는 연료량도 증가했다. 15쪽에서 설명했듯이 F-35A의 기내 연료적재량은 F-16의 약 2.1배인 8,329kg인데, F-35C에서는 더욱 늘어난 8,959kg이다. 이는 F/A-18C의 약 1.9배의 양이다. 이에 따라 1,111km의 전투행동반경을 얻을 수 있다. 착륙장치와 착함후크도 함상운용에 적합하게 변경 · 강화하였다. 항공모함에서의 운용에 적합하도록 주착륙장치의 바퀴 간격도

15cm 정도 넓혔다.

F-35C의 설계에서 중요한 점은 큰 충격력이 가해지는 착함에 견딜 수 있는 강도를 부여하는 것인데, 이와 관련한 강도시험은 2010년 6월에 마쳤다. 강도시험기로 실시한 이 시험에서는 높이 약 2.4m에서 초속 6.1m로 낙하해도 충분히 견디는 강도를 지녔음을 확인하였다. 그리고 2011년 3월부터는 지상의 모의설비를 사용해서 캐터펄트 발진 관련 시험도 시작했다. 지상에서의 모의발함과 모의착함 시험을 실시한 후 2013년부터 실제 항공모함을 사용한 시험에 들어갈 예정이다.(역자주: 2013년 7월 시험완료) 또한, 영국 공군과 해군도 F-35B의 도입 계획을 F-35C로 변경했다.

주날개를 접은 상태의 CV형 F-35C. [제원] 전폭: 13.11m(주날개를 접었을 때 9.47m), 전장: 15.67m, 전고: 4.72m, 주날개 면적: 62.06m^2, 자체 중량: 14,548kg, 통상 이륙 중량: 25,896kg, 최대 이륙 중량: 27,215kg, 엔진: 프랫 & 휘트니 F135-PW-400(드라이 출력 111kN, 애프터버너 출력 178kN급)×1, 기내 연료 중량: 8,959kg, 최대 속도: 마하 1.6, 전투행동반경: 1,111km(기내 연료만으로), 항속거리: 2,222km(기내 연료만으로), 무장 최대 장착량: 8,165kg, 고정 무장: 없음, 하중 제한: +7.5G

(사진 제공 : 록히드 마틴)

F-35의 전투 능력

F-35는 처음부터 여러 형태의 전투임무를 수행할 수 있는 다용도 전투기로 개발하여 여러 가지 공대공 및 공대지 작전에 투입할 수 있다. 그리고 정찰 및 정보 수집과 전달, 전자공격, 지휘·통제 지원 등의 임무도 수행할 수 있는 능력을 갖췄다. 이는 매우 높은 스텔스성, 전투기로서는 뛰어난 작전수행성능, 집성된 센서융합기술, 네트워크 접속에 의한 작전행동 기능, 그리고 높은 운용유지성 등에 의해 실현할 수 있는 능력이다.

공대공 전투에서는 F-22와 마찬가지로 높은 스텔스성으로 적기의 레이더를 무력화하고, 탐지되기 전에 적기를 먼저 탐지해서 중사정(beyond visual range, BVR) 공대공 미사일을 발사해서 먼저발견, 먼저공격, 먼저격파할 수 있다.(역자주: 저자는 선제발견, 선제공격, 선제격파라고 하고 있다. 이는 '선취' 또는 '먼저'라는 뜻으로 사용된 leading-off의 일본식 표현으로 보여 순수 우리말 표현으로 '먼저'라고 하였다.) 공대지 임무에서도 스텔스성을 활용해 지상에 설치된 경계 레이더망의 탐지거리와 탐지범위를 사실상 낮춰버림으로써, 탐지당하지 않고 표적에 접근한 후 공격할 수 있다. 또한, 스텔스성을 활용하면 적진 깊숙한 곳까지 잠입해서 각종 센서로 얻은 정보를 데이터 링크를 통하여 다른 작전 조직에 보낼 수도 있다. 이것이 바로 F-35가 자랑하는 정찰 및 정보 수집과 전달이다.

F-35는 스텔스성을 중시하는 임무에서는 무기를 동체에 내장하고 외부에는 아무런 무장도 장착하지 않는다. 이런 형태로 비행하면 공기저항이 최소화되므로 최대 속도 성능과 가속력도 발휘할 수 있다. F-35에는 마하 2를 넘는 최대 속도 성능이 요구되지 않았기 때문에 최대 속도는 F-22에 비해 늦은 마하 1.6이다. 그러나 F-35의 가속력은

최대 속도 마하 2.5인 F-15와 비교해도 뒤떨어지지 않는다. 아음속 영역이나 천음속 영역에서는 오히려 F-15를 능가한다. 또한, 일반적으로 무장을 기체 외부에 장착하면 그 부분에는 그만큼 하중이 걸리기 때문에 최대 하중 능력을 사용하는 기동에 제약이 생기는데, F-35는 그렇지 않다. 무장을 주날개 아래에 장착하면 그만큼 주날개에 부하가 커지므로, 원래의 최대 중량이 9G(중력의 9배)인 전투기에서도 실제 최대 하중은 6~7G로 제한된다(장착한 무기가 늘어난 만큼 최대 하중치가 낮아진다). F-35A도 최대 중량이 9G인데, 무기를 동체 안에만 장착한 상태에서 주날개에 걸리는 하중은 아무것도 장착하지 않았을 때와 동일하다. 따라서 항상 최대 하중인 9G를 유지할 수 있다.

F-35A는 최대 하중 +9G로 비행할 수 있다. 무기류를 기체 외부에 장착하는 항공기는 무장했을 때 최대 하중이 제한되지만, F-35A는 무장창 안에 무장하면 최대 하중인 +9G를 유지하며 비행할 수 있다. (사진 제공 : 록히드 마틴)

F-35의 스텔스성

F-35는 F-22에 이어 개발된 5세대 전투기이며, 큰 특징 중 하나는 높은 스텔스성이다. 록히드 마틴에서는 설계 단계부터 새로이 스텔스성을 고려해서 도입해야만 진정한 스텔스성을 달성할 수 있으며, 기존 기종을 개조하는 방법에는 한계가 있다고 여긴다. F-35의 뛰어난 스텔스성은 초저피탐(very low observable, VLO)이라고 부른다. 당연히 레이더파 흡수 구조(radar absorbing structure, RAS)를 사용하며, 설계 단계부터 채택한 VLO 기술에는 다음과 같은 것이 있다.

- 저시인성을 고려한 이음매와, 레이더 흡수물질(radar absorbing materials, RAM)을 사용한 도장
- 휘어진 다이버터리스 공기 흡입구에 엔진 내장
- 대용량의 기내 연료탱크
- 내장식 안테나
- 노출 부분을 줄인 엔진 배기구
- 기체 형상, 가장자리, 각도의 통일
- 동체 내 장착식 무장
- 내장 안테나와 센서의 일체화
- 센서 개구부를 기체 프레임에 일체화
- 전자광학 추적장치(electro-optical targeting system, EOTS)와 적외선 센서 장착
- 전파 방출을 억제한 레이더와 전자기기

스텔스성에 관해서는 일반적으로 레이더에 대한 은밀성이라는 관점에서 논한다. 분명히 그런 관점은 매우 중요하며, F-35의 경우 레이더에 대한 대책을 충분히 고려하였다. 하지만 항공기 탐지수단은 레이더

뿐만이 아니다. 항공기는 대기 중을 고속으로 비행하기 때문에 기체 전체가 공기와 마찰하여 열이 발생하고, 엔진은 주변의 차가운 공기보다 훨씬 뜨거운 가스를 끊임없이 내뿜는다. 이런 열원은 적외선을 검출하는 센서로 쉽게 포착할 수 있다. 근대의 전투기는 이런 적외선을 탐지하는 센서도 장착한다. 미사일도 열원을 추적하는 적외선 유도장치를 흔히 사용한다. 따라서 적외선 탐지장치에 대한 스텔스성도 매우 중요하다. F-35는 엔진 배기구 주변의 형상이나 기체의 형상을 알맞게 조정함으로써 적외선에 대한 스텔스성까지 확보하도록 설계하였으며, 적외선 탐지의 위협을 오히려 역탐지하는 뛰어난 능력을 지닌 센서를 장착함으로써 생존성을 한층 높인다.

F-35는 기체 각 부분의 이음매에서 홈을 없애고 RAM으로 도장하는 등, 다양한 스텔스 기술이 도입되었다. 또한, 각종 안테나도 기본적으로는 내장함으로 외부에 돌출되는 부분들은 거의 없다. 사진은 AA-1이다. (사진 제공 : 록히드 마틴)

F-35의 대레이더 대책

F-35는 레이더에 대해서도 높은 스텔스성을 지니도록 설계하고 제작한다. 제작 공정 가운데 하나로 외부 실드라인 제어라는 것이 있다. 이것은 기체 각 부분의 이음매를 거의 없애는 공법이며, 이음매를 RAM으로 도장함으로써 레이더파 반사의 요인이 되는 이음매의 홈을 거의 완전히 배제한다. 한편, F-35는 레이더에 대한 스텔스성을 최우선으로 하는 항공기가 아니다. F-35는 요구되는 모든 작전행동을 가능하게 하는 능력(다채로운 무장장착 능력 등)과 스텔스성의 균형을 중시한다. 무기를 내장식으로 하는 무장창(bomb bay)을 갖춘 것은 높은 스텔스성이 필요한 임무를 수행하도록 하기 위해서이지만, 한편으로 스텔스성을 희생하고서라도 큰 공격력을 필요로 할 때에는 외부에 무장을 장착할 수도 있다.

여기에서 레이더에 대한 스텔스성에 관해 간단히 설명하겠다. 레이더에 탐지당하는 수준을 나타내는 수치로는 항공기의 레이더 단면적(radar cross section, RCS)이 흔히 사용된다. RCS는 레이더파의 반사 수준을 나타내는 것이라고 보면 된다. 레이더의 탐지 거리를 반으로 줄이려면 RCS를 1/16로 만들어야 한다. 이 1/16이라는 수치는 또한, 1 m^{2}당 12 dB(12 dbsm)이라는 값으로도 바꿀 수 있다. 이를 토대로 하면 적 전투기가 80해리(148 km)의 탐지 능력을 지닐 경우, 그 실효탐지거리를 10해리(18.5 km)까지 저하하려면 RCS를 1/4,000, 즉 36 dbsm 감소해야 한다.

조금 더 알기 쉬운 수치를 예로 들어보겠다. 스텔스 대책을 취하지 않았을 때 RCS가 10 m^{2}인 항공기가 148 km에서 탐지된다면, 18.5 km까지 탐지당하지 않도록 하기 위해서는 RCS를 0.0025 m^{2}로 만들어야 하는 셈이다. F-35와 F-22 등 최신전투기의 구체적인 RCS 수치는 물론 공표되지 않았지만, 일부 정보에 따르면 F-22의 RCS는 0.01m^2 이하라고 한다. 따라서 레이더로 탐지하기가 얼마나 어려운지 알 수 있다. F-22에 이어 개발된 F-35도 기체 외부에 아무런 장비도 장착하지 않은 상태에서는 F-22에 필적하는 스텔스성을 충분히 갖출 수 있다. 그리고 F-35는 단발인 데다 F-22보다 소형이기 때문에, 물리적으로 기체 전체의 표면적이 작다. 따라서 레이더에 의한 탐지는 물론 육안으로도 발견하기가 확실히 어렵다.

F-35의 레이더 단면적과 레이더파의 반사 특성 등을 검사하기 위해 만든 시그너처 폴. 실물 크기의 모델. 기둥 위에 거꾸로 매달고, 실외에서 실제로 레이더파를 조사한다.

(사진 제공 : 록히드 마틴)

네트워크 능력

최신세대 전투기는 작전능력이 기존 전투기보다 당연히 높다. 또한, 작전을 수행하는 조직이나 전력을 일체화해서 힘을 발휘할 수 있도록, 네트워크를 구축함으로써 협조된 작전을 시행할 수 있다. 이것을 네트워크 중심작전(network centric operation, NCO)이라고 한다. NCO는 모든 작전 요소를 네트워크로 연결함으로써 사령부를 비롯해 작전을 수행하는 모든 조직이 작전영역 전체정보는 물론 개별전투상황까지 공유할 수 있다. 이런 네트워크를 구축하는 데 빼놓을 수 없는 장치가 데이터 링크라고 하는 통신장치이다. 미국에서는 합동 전술 정보 배분시스템(joint tactical information distribution system, JTIDS), 유럽에서는 다기능 정보 배분시스템(multi-functional information distribution system, MIDS)이라고 부르지만 기본적으로는 동일하다. 현재는 링크 16이라고 하는 데이터 링크 장치를 사용한다.

이런 시스템은 편대 내의 F-35끼리, 다른 F-35 편대끼리, 혹은 공중경보통제기(airborne warning and control system, AWACS)나 합동 감시 및 표적 공격 레이더 시스템(joint surveillance & target attack radar system, J-STARS) 등 정보를 수집하고 작전임무기를 통제하는 지원기들과도 실시간으로 정보를 주고받으면서 전황의 변화에 신속히 대응할 수 있다. 그리고 F-35가 탐지한 공격표적을 다른 F-35에 전달해서 탐지와 공격의 역할을 분담할 수 있다. 예를 들어, 어느 F-35가 원거리에서 레이더로 표적을 포착하면 그 상대(표적)는 역탐지 기법으로 레이더파를 발신하는 F-35의 위치를 어느 정도 추정할 수 있다. 상대방에게 자신의 존재를 들키는 셈이다. 하지만 원거리의 F-35가 근거리의 다른 F-35에 상대방의 위치 정보를 전달하면, 근거리의 F-35가 표적을 공격할 수 있다. 근거리의 F-35는 레이더를 사용하지 않기 때문에 상대방에게 들키지 않는다.

이는 레이더 정보뿐 아니라 전자광학 추적장치(electro-optical trgeting system, EOTS, 72쪽)나 전자광학 분배 장치(electro-optical distributed aperture system, EO DAS, 74쪽) 등이 포착한 표적에 관해서도 마찬가지이다. 또한, EO DAS에서는 위협탐지정보를 편대 내에 있는 모든 F-35가 공유할 수 있고, 이에 따라 조종사의 상황 인식력이 한층 높아지며, 각 기의 생존성도 높일 수 있다.

그리고 F-35는 높은 스텔스성을 활용해서 탐지당하지 않고 적진 깊숙이 잠입할 수 있기 때문에, 각종 센서가 얻은 정보를 데이터 링크로 보냄으로써 정찰 정보로 활용하거나 필요에 따라서는 F-35 자체가 아군기를 지휘 · 통제할 수도 있다.

F-35의 네트워킹 능력을 활용하면 F-35가 적진 상공에 잠입해서 센서로 영상 정보를 포착한 후 다른 전투 조직에 전달함으로써 정찰 정보를 공유할 수 있다. (사진 제공 : 록히드 마틴)

F-35의 생산 태세

F-35는 텍사스 주 포트워스의 록히드 마틴 공장에서 최종 조립한다. F-35의 각 부분이나 작은 부품 등을 세분화하면 250개가 넘는 기업이 제작에 참가한다. 기체의 주요 부분만 보더라도, 포트워스 공장에서 제작하는 것은 앞부분 동체와 한쪽 주날개뿐이며, 중앙 동체는 노스롭 그루먼의 팜데일 공장에서 제작하고, 뒷부분 동체는 BAE 시스템스의 삼즈버리 공장에서 제작한다. 다른 한쪽의 주날개는 이탈리아의 알레니아가 제작을 담당하고, 수직안정판은 호주에서, 수평안정판은 캐나다에서 만든다.

이렇게 각지에서 제작된 부품을 포트워스 공장으로 운반하여 최종 조립한다. 제일 먼저 좌우 주날개와 중앙 동체를 먼저 결합한다. 효율과 비용을 고려해서 세로로 세운 상태에서 작업한다.

최종 조립공정에서는 우선 전자 메이팅이라고 하는 스테이션에서 앞부분 동체, 주날개가 달린 중앙 동체, 뒷부분 동체, 꼬리날개를 결합한다. 각 부품은 전자장비로 위치를 잡아 정해진 위치에 정교하게 결합함으로써 작업에 드는 시간을 단축한다. 이 작업을 끝내면 각종 장비를 장착해서 조립작업을 완료한다.

F-35는 전투기로는 처음으로 무빙 라인이라고 하는 제작 방식을 도입했다. 이것은 이른바 흐름작업인데, 기체를 일정한 속도로 이동하면서 작업을 하는 것이다. 이 방식은 제작작업을 합리화할 수 있다. 2011년 1월에는 프레임이 크게 다섯 가지 작업 위치를 흘러가는 가운데 커다란 로봇팔을 사용해서 작업을 진행했다. 그러나 이 방식으로는 작업 효율이 나쁘다고 판단하였기 때문에 조금 더 간단한 방식으로 바꿨다. 이 무빙 라인 위에서는 각 기체가 시속 55인치(1.40m)의 매우 느린 속

도로 이동한다. 이런 새로운 제작 방식으로 1달에 최대 20~30대를 조립할 수 있다.

또한, 이탈리아에도 최종조립과 완성검사(final assembly and checkout facility, FACO)를 위한 설비를 설치하였다. 하지만 기본적으로는 이탈리아 군에서 사용할 131대만 제작할 요량이어서 무빙 라인은 도입하지 않았다.

포트워스 공장의 F-35 최종 조립라인. 3가지 형태의 F-35를 하나의 라인에서 조립할 수 있도록 설계하였다. 이 최종 조립라인은 기체가 시속 1.4m의 저속으로 이동하는 무빙 라인을 설치하였다.
(사진 제공 : 록히드 마틴)

어포더빌리티

F-35를 낳은 합동공격전투기(JSF) 계획에서는 뛰어난 다용도 운용능력과 높은 스텔스성 등 전투기에 통상적으로 요구되는 성능과 더불어, 어포더빌리티(affordability)를 겸비하도록 했다. 어포더빌리티란 취득성으로 번역할 수 있는데, 쉽게 말해 더 저렴하게 구입해서 운용 기간 내내 경제적으로 유지할 수 있도록 한다는 뜻이다. JSF 계획의 토대가 된 몇 가지 장래형 작전기에 대한 연구는 동서 냉전이 종결된 후 시작되었다. 냉전 종결은 미국의 국방예산을 대폭 줄일 수 있게 했다. 그 영향으로 전투기 등의 조달 경비와 앞으로 운용해야 할 작전기의 연구 · 개발 경비까지 줄어들었다. JSF 계획은 그런 와중에 탄생했기 때문에 어포더빌리티가 강하게 요구되는 것은 당연했다.

어포더빌리티를 실현하기 위한 첫걸음이 공군, 해군, 해병대의 서로 다른 요구를 하나의 기본 설계로 실현하는 일이었다. 이에 따라 3기종을 개발하는 데 드는 경비가 1기종을 개발하는 데 드는 경비만큼 줄어들었다. 또한, 3군에서 사용할 항공기를 한꺼번에 대량 생산할 수 있어서 양산효과가 뛰어나고 그만큼 가격을 줄일 수 있을 것으로 기대했다. 게다가 실제 운용할 때에도 지상의 지원설비나 기기가 통일된다는 면에서 경비를 억제할 수 있을 것으로 예상했다. JSF 계획에서 요구하는 어포더빌리티는 이에 그치지 않았다. 보잉과 록히드 마틴이 비교 심사를 받은 개념시험단계(concept demonstrator phase, CDP)에서는 갖가지 면의 어포더빌리티를 심사했다. 이 단계에서는 3군에서 사용할 각 형태의 공통성부터 제작 공정의 저비용성까지, 작전기로서 갖추어야 할 성능과 더불어 다방면에 걸쳐 평가를 받았다.

록히드 마틴을 JSF를 개발할 담당 기업으로 선정한 이후에도 어포더빌리티를 추구하기 위한 작업이 계속되었다. 실제 개발작업인 시스템 개발 및 시험(system development and demonstration, SDD) 단계에서 외국 파트너사의 참여를 허용한 것도 그 일환이다. 이에 따라 작업 자금을 외부에서 조달할 수 있었고, 외국 기업이 항공기 각 부분의 제작을 나누어 담당함으로써 제작 개발에 수반하는 리스크와 경비도 분산할 수 있었다. 물론 각국이 F-35의 잠재적 구입 국가가 됨으로써 제작하는 수량이 증가하는(그로 인해 기체 가격이 더욱 낮아지는) 장점도 얻을 수 있었다.

주날개와 중앙 동체의 조립 작업. F-35의 제작 현장에는 새로운 공작 기구를 많이 도입해서 작업 능률을 향상하고 공정을 간소화했다. 이것이 제작 면에서의 어포더빌리티로 이어진다.
(사진 제공 : 록히드 마틴)

COLUMN

스컹크 웍스

록히드 마틴에는 신형 항공기를 전문으로 연구하는 선진 개발 프로그램이라는 부서가 있다. 일반적으로 스컹크 웍스(Skunk Works)라는 명칭으로 알려져 있다. 이 조직을 세운 사람은 록히드의 기술자였던 켈리 존슨(Kelly Johnson)과 벤 리치(Ben Rich)이다. 첫 작품은 P-80 슈팅스타였다. 그 후, 정찰기로 이름을 떨친 U-2와 초고속 정찰기 SR-71을 비롯해 수많은 독특한 항공기를 개발 · 실용화했다. 스컹크 웍스는 높은 기술력 덕분에 1970년대 중반에는 스텔스 전투기 연구 계약을 체결했고, 1978년에는 실용 스텔스 전투기 F-117을 제작하기 시작했다. 이 스텔스 기술이 오늘날의 F-22와 F-35로 이어진다. 최근에는 각종 무인 항공기나 초대형 비행선도 연구하고 있다.

록히드 마틴이 연구 · 개발하고 있는 고고도 장시간 체공 비행선. 전장 73.2m, 지름 21.3m, 선체 부피 14,158m^{3}의 거대한 비행선이다. 15일 이상 체공할 수 있는 능력을 갖출 계획이다.

(사진 제공 : 록히드 마틴)

제2장 F-35로 나아가는 과정

F-35는 합동공격전투기(JSF) 계획에서 채택되었는데, JSF 계획이란 과연 무엇이었을까? 이 장에서는 F-35를 선택하기까지 어떤 과정을 거쳤는지, F-35의 개발작업이 어떻게 진행되었는지를 설명한다.

F-35 LIGHTNING II

JSF 계획은?

미군의 합동공격전투기(JSF) 계획은 1990년대에 들어서면서 미국에서 진행하던 수많은 전투기 연구들을 일원화한 것이다. 이런 전투기 연구는 현재 미국 공군과 해군 및 해병대에서 사용하는 F-16, A-10, F/A-18, AV-8B 등 여러 작전기의 후속기를 연구하고 있었다. 원래 각 군에는 각각 독자적인 운용상의 요구사항이 있었고, 이들이 운용하던 각 기종도 그 운용 방법이나 능력이 다르기 때문에 제각각의 후속기가 필요했다.

그러나 1980년대 말에 동유럽에서 민주화가 시작되고, 1991년 12월 25일에 소련이 붕괴되어 동서 냉전은 종말을 맞이했다. 그 결과 미국은 군비를 대폭 삭감하고, 국방비 지출도 크게 줄였다. 새로운 전투기 개발에는 고액의 비용이 들어간다. 게다가 기종이 여러 가지로 나눠지면 기종당 생산 대수가 줄어들기 때문에 각기의 단가는 높아질 수밖에 없게 된다. 그래서 장래형 작전기 개발을 일원화함으로써 소요되는 경비를 줄이기로 했다.

이렇게 탄생한 JSF는 공군용 통상이착륙(CTOL)형, 해병대용 단거리 이륙 수직착륙(STOVL)형, 해군용 함상(CV)형 등 3가지 형태를 하나의 기본설계에서 개작하기로 했다. 또한, 해리어 패밀리인 수직단거리이착륙(V/STOL)기를 운용하던 영국 공군과 해군도 미국 해병대의 STOVL이 후속기로 적당하다고 판단해서 초기작업단계부터 JSF에 참여했다. 이렇게 해서 미국 국방부는 1996년 3월 22일에 미국 각 사에 제안요청서(request for proposal, RFP)를 제시했다. 이에 대해 보잉, 록히드 마틴, 맥도넬 더글러스가 제출 기한인 6월 14일까지 제안서를 제출했고, 미국 국방부는 우선 2개 회사를 선정하는 작업에 들어갔다.

그리고 미국 공군이 F-16과 A-10의 후속으로서 1,763대, 해군이 F/A-18A~D의 후속으로서 480대, 해병대가 F/A-18A~D와 AV-8B의 후속으로서 609대를 배비하기로 계획했다. 때문에 JSF의 예상 수량은 미군용으로만 2,852대에 달했다. 영국도 공군이 90대, 해군이 60대, 총 150대를 도입하기로 했기 때문에 이를 합치면 모두 3,002대를 제작하고자 하는 커다란 프로젝트였다.

심사 결과는 1996년 11월 16일, 처음에 맥도넬 더글러스는 제외한다는 것이었다.

JSF 계획에는 3개 회사가 안을 제시했다. 사진은 맥도넬 더글러스의 안인데, 각도가 서로 다른 주날개 뒤쪽 가장자리와 크게 눕혀진 꼬리날개가 특징이다. 그러나 개념 시험 단계로 올라가지는 못했다. (사진 제공 : 맥도넬 더글러스)

JSF 계획에 이르는 길

앞에서 설명했듯이 JSF 프로그램은 여러 개의 장래형 전투기 계획을 일원화한 것이다. 장래형 전투기 계획의 주요 내용을 설명한다.

1992년 말에 차기 단거리이륙 수직착륙(advanced short take-off and vertical landing, ASTOVL) 전투기 계획을 입안했다. 이 계획은 미국 해병대가 운용하는 AV-8B 해리어Ⅱ의 후속기 개발 계획이었다. 해리어Ⅱ와 마찬가지로 단거리이륙, 수직착륙, 공중정지(호버링) 등의 능력을 지닌 전투용항공기를 개발하려는 것이었다. 이 계획은 해리어Ⅱ에 없던 초음속비행 능력을 갖추려고 했기 때문에 초음속 STOVL 전투기(STOVL strike fighter, SSF) 계획이라고도 불렸다.

한편 미국 해군은 1990년대에 들어서면서부터 F/A-18 호넷의 뒤를 이을 차기 전투공격기(F/A-X)에 관한 개념연구를 진행했다. 공군도 마찬가지로 다용도 전투기(multi-role fighter, MRF)라고 부르는 전투공격기를 연구했는데, 경비문제 때문에 1993년 4월에 중지했다. 다만, 당시 어찌 됐든 운용하던 작전기의 후속기가 필요했기 때문에 공군과 해군이 공동으로 신세대 전투기를 연구하는 합동선진타격기술(joint advanced strike technology, JAST)이라는 계획을 세우고 기술 개발을 계속했다.

또한, 공통염가경량전투기(common affordable lightweight fighter, CALF) 연구도 같은 시기에 진행되었다. 이는 개발과 제작비용이 저렴한 새로운 전투기를 연구하는 것으로, 처음에는 ASTOVL 연구에 포함되었지만, 나중에는 통상적인 이착륙형에 관해서도 연구하였다.

이러한 여러 가지 연구들을 점진적으로 일원화하였다. 1995년에는 공군과 해군이 합동 잠정 요구조건 문서(joint interim requirement document, JIRD)에 합의하고 서명했다. JIRD에서는 기본적인 공통요구조건을 정리하고 그 요구조건을 이후에 변경하는 것도 허용했지만, 소요경비가 과도하게 상승하지 않도록 경비의 균형을 항상 고려하기로 결정했다. 이처럼 각 군은 하나의 공통 프로그램으로 개별적인 요구에 대응하는 작전기를 만들기로 합의해서 합동공격전투기(JSF) 프로그램이 탄생했다. 실제로 JSF 작업을 진행할 때, 정식 채택을 결정하기 전에 개념시험단계(CDP)를 거쳤다. 개념시험단계에서는 선정된 두 회사가 시험기를 제작하고 비행심사를 거친 후, 그중 한 회사의 설계를 채택하기로 했다. 제안서를 제출한 세 회사 가운데 보잉과 록히드 마틴이 비교비행평가를 받기로 결정하였다.

사진에 보이는 AV-8B 해리어 II 의 후속기 계획도 JSF에 포함하여, STOVL 사양 기종을 개발하였다. 이 형태가 양산화되면 세계에서 최초로 초음속 비행 능력을 갖춘 실용 STOVL가 탄생하게 된다.
(사진 제공 : 미국 해병대)

보잉 대 록히드 마틴

CDP 작업을 하게 된 보잉과 록히드 마틴은 계약에 따라 각각 2대의 개념 시험기를 제작하기로 했다. 이 시점에서 이미 JSF는 각 군의 운용 요구조건이 달랐기 때문에 공군용, 해군용, 해병대용 등 3가지 형태를 제작하기로 결정하였다. 따라서 원래 3가지 형태의 개념 시험기를 각각 제작해야 했고, JSF의 CDP에서는 하나의 기본 설계에서 3개의 형태를 제작할 수 있음을 시험하는 일도 요구되었다. 이 때문에 시험기를 2대 제작해서 3가지 형태의 능력을 갖출 수 있음을 증명하는 기법이 채택되었다. 이는 JSF에서 중시한 뛰어난 어포더빌리티(취득성)를 확인하는 데 매우 중요했다. 이 시험기에 의한 비교비행 심사와 더불어 가격, 운용경비, 제작공정 등 여러 가지 면을 심사했다.

보잉의 시험기는 X-32라 명명했고, 록히드 마틴의 시험기는 X-35라 이름 지었다. 미국에서는 군용 신형기를 개발할 때 시제기에 'Y'라는 기호를 붙인다. 예를 들어 공군의 발달형전술전투기(ATF) 계획에서는 록히드가 YF-22를, 노스롭이 YF-23으로 경쟁했다. 그러나 JSF에서는 'Y'가 아니라 시험기를 의미하는 'X'를 사용했다. 이는 이 계획의 CDP에서 전투기로서의 능력까지 증명할 필요가 없고, 어디까지나 하나의 기본설계에서 3가지 형태를 제작할 수 있는지, 또 그것이 기초적인 요구 조건을 충족하는지를 보여주기만 하면 되기 때문이었다. 따라서 이 시험기의 형상은 그 후 양산형으로 이행할 때 필요에 따라 변경할 수 있었다. 물론, 설계를 완전히 변경하면 어포더빌리티에 커다란 문제가 생긴다는 점은 논외로 한다. 요컨대 시험기의 형상은 양산형을 완벽히 반영할 필요가 없다는 것이었다.

또한, JSF 계획에서는 CDP 작업에 이어 양산형을 개발하는 시스템 개발 및 시험(SDD)을 실시하며, 이 SDD로 나서려면 CDP에서 경쟁 회사를 물리치고 높은 평가를 받아야 했다. 만일 한쪽이 CTOL형에서 높은 평가를 받고 다른 한쪽이 STOVL형에서 높은 평가를 받는다고 해도, 두 회사 모두 선정될 수는 없다. 이른바 승자독식 방식이었다. 따라서 패배하면 일감을 전혀 받을 수 없기 때문에, 그만큼 보잉과 록히드 마틴은 CDP 작업에 필사적으로 힘을 쏟을 수밖에 없었다.

CDP 작업에서는 보잉과 록히드 마틴이 시험기를 2대씩 제작해서 비교비행평가를 받았다. 보잉의 시험기는 X-32라 명명했고, 록히드 마틴의 시험기는 X-35라 이름 지었다. 여기서 'X'는 시험기를 나타내는 기호이다. 사진은 X-35의 1호 X-35A이다. (사진 제공 : 록히드 마틴)

비교비행평가는?

JSF의 CDP 단계에서 보잉의 X-32와 록히드 마틴의 X-35가 각 2대씩 비교비행평가를 받았다. 이 비교비행평가란, 말 그대로 여러 후보 기종이 실제 비행을 해서 요구 성능의 우열을 가리고, 가장 뛰어난 기종을 채택하려는 심사 방식이다. 구입을 결정하기 전에 비행평가를 실시하기 때문에 플라이 비포어 바이(fly before buy) 방식이라고도 한다. 제안요청서를 각 사에 보낸 후 회신된 서류를 심사해서 하나의 기종을 선정하는 방식과 달리, 여러 기업에 시제기(앞에서 설명한 대로 JSF에서는 시험기로 취급한다)를 제작하도록 한다는 점에서 경비는 더 든다. 하지만 필요한 능력을 갖추었는지 정확히 심사할 수 있다는 장점이 있어서 미국에서는 오래전부터 여러 기종으로 심사하는 방식을 사용하고 있다.

비교적 최근의 사례를 보더라도, 1973년 1월에 추진한 미국 공군의 차기공격기(A-X) 계획이나, 1975년 1월에 추진한 미국 공군의 공중전전투기(air combat fighter, ACF) 계획에서 기종을 결정하기 위해 비교비행평가 방식을 이용했다. A-X에서는 노스롭 YA-9와 페어차일드 YA-10이 경쟁해서 페어차일드가 승리했다. ACF에서는 제너럴 다이내믹스 YF-16과 노스롭 YF-17이 경쟁해서 YF-16이 채택되었다. 또한, 미국 해군은 1974년 8월에 공군의 ACF 후보 2기종 중 하나를 채택하기 위해 해군 공중전전투기(navy air combat fighter, NACF)라는 프로그램을 추진했다. NACF에서는 공군의 심사에서 패배한 YF-17의 손을 들어줬다. YF-17은 맥도넬 더글러스가 개조작업에 참여해서 양산형이 만들어졌고, 1975년 5월에 F/A-18로 채택되었다. 미국 육군에서도 새로운 무장 헬리콥터를 도입하는 발달형공격헬리콥터(advanced armed helicopter, AAH) 계획에서 벨 YAH-63과 휴즈 YAH-64를 비교비행평가했고, 1976년 12월에 YAH-64를 채택하였다.

더욱 최근에는 미국 공군의 발달형전술전투기(ATF) 계획에서 역시 비교비행평가로 기종을 선정하였다. F-15 이글의 후속기를 결정하는 이 계획에서는 록히드(YF-22)와 노스롭(YF-23)이 시제기를 각각 2대씩 제작했다. 그와 더불어 엔진도 프랫 & 휘트니(YF119)와 제너럴 일렉트릭(YF120) 중 하나를 선정해야 했기 때문에 시제기 1대씩 서로 다른 엔진을 장착했다. 그리고 1991년 4월에 F-22와 F119를 함께 선정하였다.

미군에서는 이전에도 여러 프로그램에서 비교비행평가를 했다. 공군의 발달형전술전투기(ATF) 계획도 그중 하나이다. ATF에서는 록히드 YF-22(사진 앞쪽)와 노스롭 YF-23(사진 뒤쪽)이 경쟁했다.
(사진 제공 : 미국 공군)

서로 다른 접근법

보잉과 록히드 마틴이 제작한 시험기는 앞에서도 설명했듯이 미국 공군, 해군, 해병대의 각기 다른 3가지 요구조건을 충족할 수 있을지를 2대만으로 증명해야 했다. 기본이 되는 형태는 공군의 요구조건으로, 높은 스텔스성과 초음속 비행 능력 및 약 1,090km의 전투행동반경을 지녀야 했다. 공군기는 보통의 지상기지에서 운용하므로, 이착륙 성능에 관해서는 특별한 요구 조건이 없었다. 이에 비해 해병대는 AV-8B 해리어 II와 동일한 단거리이착륙, 수직착륙, 공중정지(호버링) 능력을 지녀야 했고, 그만큼 전투행동반경은 짧아도 괜찮았다. 구체적으로는 단거리이륙은 활주거리 500피트(152m) 이하여야 했고, 100파운드(454kg)의 폭탄과 공대공 미사일 각 2발을 장착한 상태로 수직착륙할 수 있어야 했다. 또한, 영국 공군과 해군도 이런 형태를 도입하기로 했다. 따라서 앞쪽 끝부분이 위로 솟아 있는 스키점프 갑판에서 450피트(137m)로 활주해서 이륙할 수 있어야 했다. 해군이 중시한 사항은 항공모함 착함 진입 속도인데, 140노트(259m/h) 이하의 저속으로 진입할 수 있어야 했다. 전투기의 진입 속도가 느려야 하는 이유는 바다 위에서 흔들리는 항공모함에 안전하고 확실하게 착함하기 위해서이다. 또한, 전투행동반경은 공군보다 약간 긴 1,111km를 요구했다.

그런데 미국 국방부는 보잉과 록히드 마틴에 이런 서로 다른 요구조건을 겸비하는 능력을 얼마나 증명해야 하는지 구체적으로 지시하지 않았다. 이는 양쪽 회사의 기술적인 독자성을 손상하지 않기 위해서이며, 어떤 방식으로든 그 능력만 시험하면 된다는 뜻이었다. 따라서 보잉과 록히드 마틴은 능력을 증명하기 위해 서로 다른 접근법을 사용했다. 그 상세한 사항은 뒤에서 설명하겠지만, 보잉은 1대를 CTOL

형 X-32A로 만들었고 또 다른 1대를 STOVL형 X-32B로 만들었다. 그리고 X-32A를 사용해서 CV형에 요구되는 착함 속도 능력도 증명하기로 했다. 이에 비해 록히드 마틴은 CTOL형 X-35A와 CV형 X-35C를 만들었다. 그리고 비행시험 작업 도중에 X-35A를 개조해서 STOVL형 X-35B로 비행시험을 재개하는 방법을 사용했다. 록히드 마틴은 이렇게 함으로써 기본 설계와 제작의 공통성을 함께 증명할 수 있었다.

록히드 마틴은 STOVL 비행을 가능하게 하기 위해 조종석 바로 뒤에 리프트 팬을 장착했다. 그리고 CTOL과 공통성을 시험하기 위해 X-35A를 개조해서 STOVL형 X-35B(사진)를 제작했다.
(사진 제공 : 록히드 마틴)

X-32의 특징

X-32의 형상은 최근의 전투기 중에서는 꽤 독특한 편이었다. 가장 큰 특징은 엔진 공기 흡입구를 기수부분 아래쪽에 배치했다는 점이었다. F-16이나 유럽의 유로파이터 타이푼도 이와 비슷한 배치를 채택했지만 엔진 공기 흡입구 위치는 동체 아래였다. 하지만 X-32는 동체 아래라기보다 기수부분 아래라는 표현이 더 적절하다. 과거 미국의 전투기 중에서는 해군용으로 개발하여 1955년 3월 25일에 원형기가 초도비행을 한 보트 F8U(후에 F-8로 개칭) 크루세이더가 이와 비슷하다. 보잉은 이런 형상의 설계를 채택한 이유를 당시 저렴한 전투기 개발개념을 추구한 결과라고 말했다. 보잉은 ATF 계획에서 비교비행평가를 받은 YF-22와 YF-23처럼 기체 형상에 너무 신경 쓰면 결국 비용이 상승할 것이라고 생각한 것이다.

공기 흡입구를 기수부분 아래쪽에 두게 된 또 다른 이유는 개구부의 면적을 더욱 키우기 위해서이다. STOVL형에서 중요한 과제는 엔진에 충분한 공기 흐름을 확보하는 것이다. 보잉은 공기 흡입구를 기수부분 아래쪽에 두고 조금 더 아래쪽으로 열리도록 함으로써 이 문제를 해결할 수 있다고 생각했다. 그리고 이 부분에서 동작기제들을 간략하게 만듦으로써 가동식이더라도 제작비용의 상승과 정비의 복잡성을 피할 수 있다고 보았다.

또한, 전체의 구조를 모듈 형식으로 만들기로 했다. 이는 공기 흡입구, 주날개, 엔진부착부 등 각 부위를 하나의 모듈 단위로 설계하는 한편 결합 부위를 모든 부분에서 통일함으로써, 각 부분에서 독자적인 설계를 하더라도 하나의 생산라인에서 제작할 수 있도록 했다. 이렇게 하여 각 부분의 세부적인 부품도 통일할 수 있었다.

주날개는 면적이 큰 델타형 날개이고, 꼬리날개는 2개의 수직안정판을 바깥쪽으로 기울여 동체 가장 뒷부분에 부착하며, 수평안정판은 설치하지 않았다. 다만 그 후에, 특히 미국 해군의 운용요구조건에 변화가 생겨서 이 기체 구성으로는 운용요구조건의 일부를 충족하지 못한다는 사실이 밝혀졌다. 그래서 보잉은 나중에 양산형을 생산할 때에는 수평안정판을 장착하기로 했다. 실용기를 위한 시험기에서 그 정도의 설계 변경을 할 수 있음을 인정받았다.

보잉의 X-32A. CTOL이지만, 이것을 그대로 사용해서 CV형에서 요구하는 함상운용능력도 시험하기로 했다. 기수부분 아랫부분에 커다란 공기 흡입구를 설치하는 독특한 설계를 채택했다.
(사진 제공 : 보잉)

X-32B의 STOVL 기술

앞에서 설명했듯이, 보잉과 록히드 마틴은 각 형태의 능력을 시험하기 위한 방법이 서로 달랐다. 그리고 하나의 커다란 차이가 있었다. 그것은 STOVL 능력을 실현하는 추진 시스템이었다. 록히드 마틴은 F-35B에서 엔진 배기구를 가동식으로 만들어서 동일한 엔진 회전축으로 작동하는 양력생성전용팬(lift fan)을 별도로 설치하기로 했다. 이에 비해 보잉의 X-32B는 엔진의 배기분사만으로 STOVL 운용을 할 수 있는 다이렉트 리프트라는 방법을 채택했다. 리프트 팬이라는 또 하나의 장치를 부가하지 않음으로써 항공기의 중량을 경감하고, 시스템을 간소화하며, 엔진에 대한 부담을 줄일 수 있다는 생각이었다. 또한, 다이렉트 리프트 방식은 해리어 시리즈에서 이미 사용했던 방법이며, 충분한 비행 실적이 있다고 보잉은 설명했다.

해리어의 엔진은 간단히 말해, 일반적으로 엔진의 가장 뒷부분의 배기구를 제거하는 대신에 수평에서 수직까지 움직이는 변향식 배기구를 엔진의 좌우에 2개씩 설치해서 배기를 조정해서 분출하도록 만들었다. 즉, 배기구를 수평에서 수직까지 회전토록 함으로써 V/STOL 운용을 가능하게 만드는 것이었다.

X-32는 가장 뒷부분의 주 배기구를 그대로 두고, 엔진 중앙부 좌우에 똑바로 아래를 향해 배기를 내뿜는 리프트 노즐이라는, 하향으로 제트 기류를 방출하는 양력생성전용의 고정식 배기구를 추가했다. 그리고 기수부분의 좌우와 뒷부분 동체 좌우에 각 2개의 작은 노즐을 설치해서 기수의 상하조종(pitching control)을 가능하게 만들었다. 또한, 좌우 주날개 아래에도 횡전조종(rolling control)용 노즐을 설치했는데, 이는 F-35B와 동일하다. 주 노즐(분사구)은 배기의 방향을 위아래로 변경할

수 있는 2차원식 노즐이며, 하향식으로 만듦으로써 아래쪽으로 배기를 분사할 수 있어서 STOVL 운용을 도와준다. 다른 2개의 형태에서도 동일한 방식으로 작동하는 배기구를 사용함으로써 움직이는 범위는 좁아지지만 운동성은 향상되었다.

X-32B의 이런 형상은 리프트 팬을 사용할 때보다 분명히 경량화할 수 있었고, 다른 형태와 엔진의 공통성을 유지할 수 있었다. 하지만 주배기구 이외에 8개의 노즐을 설치하는 등 전체 시스템은 그만큼 간소화할 수 없었다. 또한, 엔진 자체에 변경해야 할 점이 많았기 때문에 리프트 팬 방식에 비하면 비용이 많이 든다고 지적받았다. X-32B는 요구되는 STOVL 능력을 충족했지만, 개발비 등의 면에서는 X-35B의 방식이 확실히 높은 평가를 받았다.

X-32의 2호는 STOVL 사양으로 만들었다. 록히드 마틴과의 가장 큰 차이점은 리프트 팬을 사용하지 않고 엔진에서 나오는 배기를 사용해서 STOVL을 가능하게 만드는 '다이렉트 리프트' 방식을 사용했다는 데 있었다. 불꽃을 보면 배기가 아래로 똑바로 나오는 것을 알 수 있다.

(사진 제공 : 보잉)

X-32의 비행 실적

X-32의 1호는 32A형이다. 2000년 9월 18일에 캘리포니아 주 팜데일에서 JSF의 시험기로서는 처음으로 비행했다. 이 비행에서 여러 가지 시스템의 작동상태를 확인하는 가운데 이륙 직후에 유압계통의 작동유가 새어 나오는 것을 발견하였다. 이 작동유는 붉은색이어서 다른 오일들과 쉽게 분별되었다. 작동유가 새어 나와 동체 오른쪽 면에 몇 개의 붉은 줄이 생기는 것을, 추적하던 F/A-18에서 확인하고, 이륙한 지 20분도 채 안 되어 캘리포니아 주 에드워드 공군기지에 착륙했다. 그리고 이 문제는 착륙 후에 바로 수리하여 9월 23일에 두 번째 비행을 했다. 또한, 2000년 12월 21일에는 고도 30,000피트(9,144m)에서 마하 1을 넘어 처음으로 초음속 비행을 했다.

X-32는 2001년 3월 2일까지 총 66회 50.8시간 비행하였다. X-32A는 CTOL이지만 보잉에서는 이 항공기를 그대로 해군용 CV형 시험에도 이용했다. 이 시험 비행 작업에서는 CV형의 평가를 위해—실제 항공모함이 아닌,—지상에 설치한 지상항공모함 착함연습(field carrier landing practice, FCLP)설비를 이용해서 시험했다. 진입 속도의 평가에 중점을 두었기 때문에 문제는 없었다. 보잉의 X-32A는 착함 진입 속도 시험에서 요구 조건을 충분히 충족하는 속도를 보였고, 그보다 엄격하게 설정된 자사의 진입 속도 예측치와 실제 시험치가 ±0.5노트(0.9km/h)밖에 차이가 나지 않아, 계획한 수치를 기록했다.

STOVL사양기 X-32B는 2001년 3월 29일에 초도비행을 했다. 이는 4대의 시험기 가운데 마지막으로 비행한 것이었다. STOVL기로서는 X-32B가 가장 먼저 비행 평가 작업에 들어가게 되었다. X-32B는 2001년 7월 28일까지 78회 비행해서 43.3시간의 비행을 기록했다.

X-32B는 2001년 4월 13일의 세 번째 비행에서 STOVL 시스템을 체크하고, 같은 날에 실시한 네 번째 비행에서 처음으로 STOVL로 비행시험을 했다. 또한, 78회의 비행 중에 6회의 수직착륙을 시도했다. 수직이륙에 관한 요구사항은 없었기 때문에 수직이륙은 한 번도 실시하지 않았다.

비행시험 작업 중에 동체 옆면의 무장창 덮개를 열고 비행하는 X-32A. 무장창에는 AIM-120C AMRAAM이 들어 있다. X-32A와 X-32B의 외형상 차이점 가운데 하나가 주날개 익단부이다. X-32A는 익단부가 연장되어 뒤쪽 가장자리에도 후퇴각이 있다. (사진 제공 : 미국 공군)

X-35의 특징

록히드 마틴은 2대의 X-35를 CTOL형 A와 CV형 B로 제작했다. X-35A로 일정 시간 비행시험을 한 후 그것을 STOVL형 X-35B로 개조했다. 이로써 3가지 형의 능력을 모두 시험할 수 있었다. 또한, X-35A를 X-35B로 개조하지 못할 경우를 대비해서 X-35C 또는 X-35B로 개조할 수 있도록 설계했다. 다만, X-35C는 항공모함에 대한 착함 진입 속도를 되도록이면 줄이기 위해 주날개를 대형화하는 등 기체의 크기를 변경한 데다가 (JSF 계획에서 채택될 경우) CTOL형과 STOVL형의 형상(크기)을 통일하기로 했기 때문에 X-35C를 X-35B로 개조하는 것은 최후의 방안이었다. 실제로도 개조한 경우는 없었다.

X-35A의 여러 부분을 개작하여 X-35B를 만들었다. 록히드 마틴은 STOVL을 구현하는 방법으로 엔진 배기의 방향을 바꾸는 다이렉트 리프트 방식과 더불어, 리프트 팬이라는 하향식 제트 기류를 생성하는 전용 팬을 설치하기로 했다. 따라서 엔진 배기구를 변경하고 리프트 팬을 설치해야 했다. 그리고 수직착륙이나 공중정지를 할 때 자세를 안정케 하기 위해 롤 포스트라는 하향의 작은 노즐을 주날개 좌우 아랫면에 장착했다. 리프트 팬은 조종석 바로 뒤에 설치하였고, 그 부분의 동체 윗면에는 좌우로 열리는 덮개가 달려 있다. 또한, 전진비행속도를 거의 얻을 수 없는 상태에서도 엔진에 필요한 양의 공기를 얻기 위해 리프트 팬 덮개의 바로 뒤에 개폐식 보조 공기 흡입구도 설치하였다.

앞에서 설명했듯이, X-35C는 주날개를 대형화하여 면적이 42.7m^{2}에서 57.6m^{2}로 약 30% 넓어졌다. 이는 주로 바깥쪽 날개 부분을 연장한 것이며, 날개의 폭도 10.05m에서 10.97m로 커졌다. 주날개에 있는 조종날개 면도 내익부와 외익부로 나뉜다. 앞쪽 가장자리 플랩은

2등분되고, 뒤쪽 가장자리의 내익부는 X-35A/B와 동일한 플래퍼론, 외익부는 에일러론으로 구성된다. 또한, 주날개의 대형화에 대응해서 꼬리날개의 면적도 각각 10% 정도 확대했다. 사실 CV형을 함상 운용할 때에는 착륙장치를 강화하고, 앞쪽 랜딩기어를 겹바퀴(twin wheel)로 만들며, 착함 후크(arrest hook ; tail hook)를 튼튼하게 장착해야 했다. 하지만 X-35C의 비행시험은 항공모함을 활용하지 않고 지상에서만 실시하였기 때문에, X-35A/B와 같은 것을 사용했다. 그리고 X-35의 주 랜딩기어로는 경비를 억제하기 위해 함상 공격기 그루먼 A-6 인트루더의 랜딩기어를 그대로 사용했다.

록히드 마틴은 CTOL형 X-35A(사진)와 CV형 X-35C를 제작하고, 나중에 X-35A를 STOVL형 X-35B로 개조해서 3가지 형태의 능력을 시험하기로 했다. 따라서 X-35에는 처음부터 X-35B의 특징을 지닌 설계를 도입하였다. (사진 제공 : 록히드 마틴)

X-35의 비행 실적

X-35의 1호가 된 CTOL형 X-35A는 2000년 10월 24일에 캘리포니아 주 팜데일에서 처음으로 비행했다. 랜딩기어를 내린 상태로 비행했지만, 비행 중에 랜딩기어시스템의 동작상태는 문제가 없다고 판단하여 착륙 직전에 착륙장치를 한 번 올렸다가 내린 후 무사히 착륙했다. 또한, 2000년 11월 21일에는 마하 1.05의 초음속으로 비행했다. X-35A는 2000년 11월 22일까지 27회 비행한 후 X-35B로 개조하였는데, 그때까지 비행하는 동안 최대 도달고도 35,000피트(10,668m), 최대 비행받음각 20도를 기록했다. 이때까지의 A형의 비행시간은 총 27.4시간이었다.

CV형 X-35C로 만든 2호 역시 2000년 12월 16일 팜데일에서 처음으로 비행했다. 2001년 1월 23일의 18회째는 미국 공군의 KC-10A와 함께 공중급유 기능을 시험했다. 미군의 공중급유 방식은 공군이 플라잉 붐(flying boom) 방식, 해군과 해병대가 프로브 앤드 드로그(probe and drogue) 방식이다. X-35C는 CV형이기는 하지만 공중급유 장치만은 공군 사양이 장착되었다. 이는 X-35 2대의 제작 공통성을 확보하기 위한 조치였다. C형의 비행시험에서 중시된 사항은 저속의 착함 진입 속도 능력을 시험하는 것이었다. 이 시험 작업은 2000년 12월 22일의 4번째 비행부터 반복적으로 실시하였고, 전 비행시험 기간을 통틀어 250회의 지상 항공모함착함연습(FCLP) 시험을 실시했다. 그리고 이 시험에서 X-35C는 요구 조건인 259km/h 이하를 밑도는 250km/h로 안정되게 착함 진입할 수 있음을 증명했다. X-35C는 2001년 3월 10일까지 73회 비행했고, 총 비행시간은 58.0시간이었다.

X-35A에서 개조된 X-35B는 2001년 2월 23일부터 호버 핏(hover

pit)에서 지상시험을 시작했다. 호버 핏은 수직착륙과 공중정지(호버링)를 시험할 수 있는 시설이다. 이는 항공기를 호버 핏에 고정한 후, 엔진배기를 변향하거나 리프트 팬을 작동해서 하향 추진력을 얻을 수 있는지 확인하기 위한 실험이었다. 그리고 6월 23일에 X-35B는 호버 핏에서 떠올랐다. 2001년 7월 10일 25회째 비행에서 처음으로 **미션 X**를 실시했다. 미션 X란 단거리를 활주해서 이륙한 후, 초음속 비행을 하고 수직착륙하는 임무이다. X-35B는 2001년 8월 6일까지 39회 비행했고, 비행시간은 총 21.5시간이었다.

주날개와 꼬리날개를 대형화한 X-35C. 주날개 후연 가장자리는 내익부의 플래퍼론과 외익부의 에일러론으로 나뉜다. 동체의 등 부분에는 공중급유구가 있는데, 해군용 CV형임에도 불구하고 공군용 형태의 공중급유구를 설치하였다. 이는 설계를 일체화한 동체를 사용함으로써 시험기의 제작비용을 억제하기 위해서였다. (사진 제공 : 록히드 마틴)

X-32와 X-35의 비교

보잉 X-32와 록히드 마틴 X-35의 기체 치수를 비교하면 X-35가 전체적으로 약간 크다. 전장은 X-32A가 13.72m(X-32B는 그보다 약간 짧은 13.33m)인 데 비해 X-35는 A형과 C형이 15.47m로 약 2m 길다. 또한, 전고는 X-32A/B가 4.06m인 데 비해 X-35A/B가 4.80m(X-35C는 4.57m)로 X-35가 약간 높다. 하지만 전폭은 주날개 면적을 줄인 X-32B가 9.14m인 점을 빼면, X-32A가 10.97m, X-35A/B가 10.05m, X-35C가 10.97m로 대부분 10m가 넘는다. 앞에서도 설명했듯이, X-32A는 이 항공기를 그대로 사용해서 낮은 착함속도를 시험하기로 했기 때문에, 익단부를 연장해서 넓이를 키웠다. 그 치수가 X-35C와 같은 것은 우연의 일치이다.

X-32와 X-35는 항공기의 형상이 매우 다른데, 그중에서도 큰 차이점은 수평안정판의 유무이다. X-32는 수평안정판이 없기 때문에 주날개 뒤쪽 가장자리를 플래퍼론과 엘레본으로 나누어 플래퍼론, 에일러론, 엘리베이터 등 3가지 역할을 수행하는 움직날개로 사용한다. 이에 비해 X-35A/B는 주날개 뒤쪽 가장자리는 플래퍼론으로서 플랩과 횡전조종(roll control)용 에일러론 기능만으로 사용하고, 기수부분의 상하조종(pitch control) 전동방식(all movable)의 수평안정판으로 제어한다. 그리고 보잉은 JSF에 선정되어 양산형을 생산하게 되면 모든 형태에 수평안정판을 장착하고, 주날개 뒤쪽 가장자리의 움직날개를 간소화할 예정이었다.

또 하나의 커다란 차이점은 공중급유 방식이다. X-35는 앞에서 설명했듯이, CV형 X-35C도 공군의 플라잉 붐(flying boom) 방식으로 공중급유를 받도록 만들었다. 이에 비해 X-32는 CTOL형 X-32A에만 공중급유 장치가 설치되어, 프로브 앤드 드로그(probe and drog) 방식으로만 급유를 받을 수 있도록 만들었다. X-32B에도 그런 장치를 설치할 장소를 마련하였지만, 실제로는 설치하지 않았다.

무장창(bomb bay)의 위치도 달랐다. X-35는 동체 아래쪽에 두기로 했지만, X-32는 동체 양쪽 면에 두기로 했다(이것도 X-32A에만 설치되었다). X-32B는 동체 아랫부분의 거의 중앙에 회전식 엔진의 리프트 배기구가 달려 있고 그 앞쪽에 제트 스크린을 장착해야 했기 때문에, 무장창을 설치하지 않았다. 이는 3가지 형상을 되도록이면 통일하기 위해서이기도 하다.

호버 핏 위에서 호버링하면서 수직 착륙하려는 X-35B. 뒤쪽에서 찍은 사진으로, 회전식 엔진의 배기구가 완전히 아래를 향하고 배기가 아래로 똑바로 분출되고 있다. (사진 제공 : 록히드 마틴)

X-35의 승리

보잉 X-32와 록히드 마틴 X-35의 개념실증단계(CDP) 비교비행평가 결과는 2001년 10월 26일에 발표되었다. CDP에 이어지는 시스템 개발 및 실증(SDD)이라는 양산형 개발작업에 록히드 마틴이 선정되었다. 이에 따라 록히드 마틴은 F-35A/B/C를 개발하게 되었다. 세부적인 선정 이유는 발표되지 않았지만, 당시 미국 공군장관이었던 제임스 로치(James Roche)는 "장단점과 계획의 리스크를 살펴본 결과, 록히드 마틴 팀이 최고의 가치를 보였기 때문에 승리했다. 록히드 마틴은 보잉 팀을 명확히 압도했다."라고 말했다.

또한 당시 미국 국방부 조달차관이었던 에드워드 올드리지(Edward Aldridge)는 X-35의 비행 평가에 관해 "설정된 표적 성능에 합치하거나 그 이상의 성능을 보여주었고, 계획의 다음 단계에 들어가기 위한 준비수준과 기술적 성숙도를 달성했다. 공대공 능력에서는 F-22 제공전투기에 버금간다."라고 말했다. 올드리지 차관은 F-35가 2040년까지 세계 최고의 공격기가 될 것이라고 하여, X-35가 높은 수준의 비행성적을 나타냈음을 시사했다.

또한, 록히드 마틴은 앞으로의 프로그램에 관해 다음과 같은 보도자료를 발표했다.

"이번 승리로 록히드 마틴, 노스롭 그루먼, BAE 시스템스는 250억 달러의 지출이 계획된 SDD 단계에서 22대의 시험용 항공기를 제작하게 된다. 계획의 총액은 약 2,000억 달러로, 이 계획은 미국과 그 동맹국의 장래 방위 능력을 뒷받침하는 요체가 될 것이다. CDP 작업에서는 미국 및 동맹국의 독특한 운용요구조건을 충족하는 강력한 다용도 전투기로서 스텔스성과 초음속 능력을 갖춘 첫 작전기가 시험되었다. 고도로 발달한 제작 기법을 사용함으로써 각 기의 제작에 드는 시간과 필요한 부품 및 노동력을 대폭 줄일 수 있을 것이다. 록히드 마틴 팀은 시험용 1호를 2005년에 초도비행하게 하고, 최초의 실용 JSF를 2008년에 내놓을 계획이다."

한편, 패배한 보잉은 당시의 필 콘디트(Phil Condit) 회장이 "우리에게 매우 유감스러운 일이지만, 우리는 많은 것을 배웠고 앞으로 나아갈 준비도 갖췄다."라고 말했다.

F-16B를 따라 에드워드 공군기지에 착륙 진입하는 X-35A. X-32에 비해 전체적인 완성도가 높고, 양산형으로 이행할 때 변경해야 할 부분이 적은 점도 높은 평가를 받아 경쟁에서 승리했다.
(사진 제공 : 록히드 마틴)

F-35의 SDD 작업

시스템 개발 및 시험(SDD) 작업을 하게 된 록히드 마틴은 작업용으로 14대의 비행시험기와 8대의 지상시험기를 제작하는 계약을 맺었다. 그 내역을 살펴보면, 비행시험기는 CTOL F-35A 5대, STOVL F-35B 5대, CV F-35C 4대였다. 지상시험기는 각 형별 2대씩의 구조시험기와, CV형 착함강도를 확인하기 위한 낙하시험기 1대 그리고 스텔스성을 확인하려는 목적으로 레이더 단면적과 레이더파 반사특성을 조사하기 위한 시그너처 폴 1대다. 하지만 비행시험용 각 형을 제작하기 전에 기본적인 요소를 시험 · 확인할 필요가 있어서 1대를 추가하였다. 이는 A형과 동일한 CTOL사양인데, A형 자체를 반영한 것이 아니기 때문에 F-35A라고 부르지 않고 AA-1이라는 이름을 붙였다. 또한, 비행시험기와 구조시험기는 3가지 형태(A, B, C)와 비행시험(F) 혹은 지상시험(G)을 조합하여, 제작 순으로 일련번호를 붙여 나타내기로 했다. 예를 들어, A형 비행시험 1호는 **AF-1**, B형 지상 시험 2호는 **BG-2**라고 부르는 식이다.

AA-1을 추가하였기 때문에 일단 SDD의 비행시험용은 15대가 되었는데, 그 후 작업 계획을 재검토하여 13대로 줄였다. 구체적으로는 AF-5와 CF-4를 취소하였다. 그 결과 AA-1 외에 각 형태의 비행 시험용은 F-35A가 4대, F-35B가 5대, F-35C가 3대가 되었다. 지상 시험용 8대는 변경사항이 없이 제작하였다.

SDD 작업은 선정 결과를 발표한 직후인 2001년 11월 1일에 정식으로 시작했다. 이 시점에서 SDD 기간은 126개월(10년 반)로 계획하였으므로, 2012년 4월에는 모든 작업을 완료할 예정이었다. 하지만 실제로 작업을 시작하자 몇 가지 문제가 발생하여 2010년 초에 완료시점을 2015년 중반까지 연장했고, 2011년 1월에는 로버트 게이츠(Robert Gates) 국방장관이 2016년 초로 연장하겠다는 견해를 밝혔다. 그중에서도 F-35B의 문제는 심각하다. 게이츠 장관은 "F-35A와 F-35C가 F-35B보다 앞서 시험을 계속할 것이고, F-35B의 문제를 해결하기 위한 개조작업을 하지 못하거나 그 작업이 계획대로 진전되지 않는 상태가 2년간 지속된다면 F-35B의 개발을 중지할 수 있다"고 밝혔다.

SDD 작업을 하게 된 록히드 마틴은 당초 14대의 비행시험기를 제작하는 계약을 맺었다. 하지만 몇 번의 재검토 끝에 시험기는 13대를 제작하기로 하였다. 사진은 첫 번째로 만든 AA-1이며, 2006년 12월 15일에 처음으로 비행했다. (사진 제공 : 록히드 마틴)

F-35의 설계 변경

록히드 마틴은 시험기 X-35를 설계할 때, 양산형을 제작할 것을 상정해서 되도록이면 X-35의 설계를 그대로 이용하는 데 주안점을 두었다. 따라서 양산형 사양인 SDD도 구체적인 형상은 X-35와 비슷하고, 변경된 점은 매우 적다. X-35에서 F-35로 바뀔 때 변경된 점은 다음과 같다.

- 앞부분 동체를 5인치(12.7cm) 연장 : 전자기기나 센서를 장착하는 공간을 확대하기 위해서이다.
- 수평안정판을 뒤쪽으로 2인치(5.1cm) 이동 : 앞부분 동체의 연장에 대응해서 안정성과 조종성을 유지하기 위해서이다.
- 수직안정판의 위치를 약간 변경 : 공기력 특성을 개선하기 위해서이다.
- 동체의 등 부분을 1인치(2.5cm) 높임 : 동체 내 연료 장착량을 늘리기 위해서이다. 연료 장착량이 약 136kg 늘어나 항속거리가 연장된다.
- F-35B의 리프트 팬 덮개를 간소화 : 좌우로 열리는 2개의 덮개였던 것을 뒤쪽으로 열리는 1개의 덮개로 바꾸어, 개폐 기구를 대폭 간소화했다.
- F-35C의 주날개 표면 곡선을 더욱 굽어지게 함 : 조종성과 천음속(음속에 가까운 아음속 속도 영역) 성능을 개선하기 위해서이다.
- F-35C에 주날개를 접는 기구를 추가 : 항공모함 함상의 장착 공간에 맞추기 위해서이다.

이상이 SDD를 개발할 때 록히드 마틴이 발표한 변경 사항인데, 현재 공개된 F-35 각 형태의 기체 치수를 살펴보면 X-35와 약간 다르다. 이는 세부적인 설계가 변경되었음을 암시한다. 변경된 치수는 다음과 같다(모두 록히드 마틴의 공식자료이다).

- 전폭 : X-35A/B가 10.05m였던 데 비해 F-35A/B는 10.67m이고, X-35C가 10.97m였던 데 비해 F-35C는 13.11m이다.
- 전장 : X-35A/B/C가 15.47m였던 데 비해 F-35A/C는 15.67m이고, F-35B는 15.61m이다.
- 전고 : X-35A/B가 4.80m였던 데 비해 F-35A/B는 4.57m이고, X-35C가 4.57m였던 데 비해 F-35C는 4.72m이다.
- 주날개 면적 : X-35A/B가 42.7m^2였던 데 비해 F-35A/B는 42.74m^2이고, X-35C가 57.6m^2였던 데 비해 F-35C는 62.06m^2이다.

F-35C에서 전폭과 주날개 면적을 크게 키운 것 외에는 사소한 차이이다. 이는 그만큼 X-35의 기본 설계가 정확했다는 점을 보여준다.

X-35에서 F-35로 바뀔 때 설계상 변경한 부분은 매우 소규모였다. 비교적 크게 변경한 부분은 리프트 팬용 덮개인데, X-35B에서는 덮개가 좌우로 열리는 2개였지만 F-35B(사진)는 뒤쪽으로 열리는 덮개 1개로 바뀌었다. (사진 제공 : 록히드 마틴)

13대의 비행시험기

앞에서 설명했듯이, SDD 단계의 비행시험에 최종적으로 이용하는 시험용 항공기는 전부 13대이고, 모두가 초도비행을 끝냈다. 각 항공기에 관해 간단히 소개한다.

- 1호(AA-1) : 2006년 12월 15일에 초도비행을 했다. CTOL형이지만 F-35A가 아니라, F-35의 기본 요소를 확인하기 위해 추가한 시험기이다. 2008년 11월 13일에 처음으로 초음속 비행(마하 1.05)을 했다. AA-1은 2006년 2월 19일에 완성하여 롤-아웃했고, 7월 7일에는 F-35에 라이트닝 II 라는 애칭이 붙었다.
- 2호(BF-1) : 2008년 6월 11일에 초도비행을 했다. F-35B의 1호로, 2010년 3월 18일에 F-35B의 SDD로서 처음으로 STOVL 비행을 했다.
- 3호(BF-2) : 2009년 2월 25일에 초도비행을 했다. F-35B의 2호로, 2010년 6월 10일에 F-35B로서 처음으로 초음속 비행(마하 1.07)을 했다.
- 4호(AF-1) : 2009년 11월 14일에 초도비행을 했다. F-35A의 1호이다.
- 5호(BF-3) : 2010년 2월 2일에 초도비행을 했다. F-35B의 3호이다.
- 6호(BF-4) : 2010년 4월 7일에 초도비행을 했다. F-35B의 4호로, 레이더 등 각종 전자기기를 장착한 첫 SDD이다.
- 7호(AF-2) : 2010년 4월 20일에 초도비행을 했다. F-35A의 2호이며, 주로 무기체계를 시험하는 데 사용한다. 동체 내 무장창이나, 외부 스테이션에 각종 무장을 장착해서 비행영역을 확인하고 확장했다. F-35A에서만 채택한 독자적인 장비 GAU-22/A 25mm 4포신 기관포 시험이나, 최대 속도인 마하 1.6으로 비행하면서 공대공 미사일을 발사하는 시험도 실시할 예정이다.
- 8호(CF-1) : 2010년 6월 6일에 초도비행을 했다. F-35C의 1호이며, 이로써 F-35의 모든 형태가 비행하게 되었다.

- 9호(AF-3) : 2010년 7월 6일에 초도비행을 했다. F-35C의 3호이며, BF-4와 마찬가지로 각종 전자기기를 장착해서 개발 시험에 이용한다.
- 10호(AF-4) : 2010년 12월 30일에 초도비행을 했다. F-35A의 4호이다.
- 11호(BF-5) : 2011년 1월 27일에 초도비행을 했다. F-35B의 5호이다.
- 12호(CF-2) : 2011년 4월 29일에 초도비행을 했다. F-35C의 2호이다.
- 13호(CF-3) : 2011년 5월 21일에 초도비행을 했다. F-35C의 3호이며, SDD 비행시험기의 마지막 항공기이다.

SDD 중에서 양산형으로 처음 만든 F-35B BF-1(사진 뒤쪽). 13대 중에서 가장 많이 만든 것이 B형이다. 마지막 5호(BF-5)도 2011년 1월에 초도비행을 했다. 사진 앞쪽은 2010년 2월 2일에 초도비행을 한 F-35B의 3호(BF-3)이다. (사진 제공 : 록히드 마틴)

국제 파트너의 참가

JSF 계획은 처음부터 동맹국에 수출하는 것을 전제로 했다. 그중에서도 수직단거리이착륙(V/STOL) 해리어 시리즈를 운용하던 영국은 개념시험단계에서 맥도넬 더글러스와 팀을 이뤄 시안을 제시했다. 하지만 맥도넬 더글러스가 시험기 제작에 참가하지 못하게 되자, 시험에 참가하는 보잉과 록히드 마틴의 제안을 조사한 후 록히드 마틴을 파트너로 선택해서 계획에 계속 관여했다. 그리고 그 외의 국가도 CDP 단계부터 정보를 제공받았는데, 록히드 마틴에 의해 시스템 개발 및 시험(SDD)이 시작되자 이런 움직임은 더욱 가속되었다. 각국은 3레벨로 SDD 작업에 참가할 수 있었다. 완전한 공동 파트너(레벨 1), 협력파트너(레벨 2), 정보제공파트너(레벨 3) 외에 그 아래의 레벨로서 보안협력참가국(security cooperation participant, SCP)이라는 범주도 설정되었다. 참가국들의 레벨은 SDD 작업에 대한 참가경비와 관여정도에 따라 나뉘며, 구체적인 내용은 다음과 같다(괄호 안은 참가 금액).

- 레벨 1 : 영국(20억 달러)
- 레벨 2 : 이탈리아(10억 달러), 네덜란드(8억 달러)
- 레벨 3 : 호주(1억 5,000만 달러), 캐나다(1억 5,000만 달러), 덴마크(1억 2,500만 달러), 노르웨이(1억 2,500만 달러), 터키(1억 7,500만 달러)
- SCP : 이스라엘(1억 5,000만 달러), 싱가포르(5,000만 달러)

이처럼 F-35의 개발작업은 미국과 SCP까지 포함하면 11개국의 공동작업으로 진행된다. 또한, SDD 작업에 참가하는 것과 F-35를 도입하는 것은 별개의 문제로, SDD에 참가했다고 해서 F-35를 의무적으로 도입할 필요는 없다. 실제로 덴마크는 F-35의 가격 상승을 이유로

도입을 보류하겠다는 의사를 내비쳤다. 한편, 7개국은 구체적인 기수와 함께 F-35의 도입을 결정했다. 이에 관해서는 5장에서 상세히 설명하겠다. 그리고 SDD 작업에 참가하는 각국의 항공산업체는 F-35의 부품제작 계약을 맺었다. 모두 록히드 마틴과의 하청계약 형태이기는 하지만, F-35는 제작 면에서도 국제적인 전투기라고 할 수 있다.

F-35의 SDD 작업에는 미국을 포함해 도입을 검토하는 9개국이 참여해서 시험에 관한 정보를 공유한다. 또한, 그 외의 2개국이 SCP로 참가하고 있다. 2005년의 파리 에어쇼에서는 참가국들의 국기가 그려진 모형을 공개하였다. (사진 제공 : 록히드 마틴)

COLUMN

AA-1

58쪽에서 설명했듯이, F-35의 SDD를 시작할 때 기본적인 요소를 시험 · 확인하는 비행시험기가 필요해서 비행시험용 1대를 추가했다. 이것이 AA-1이다. AA-1은 F-35A와 동일한 CTOL형이며 형상도 똑같다. 하지만 F-35A와 몇 가지 부분에서 다르기 때문에 F-35A라고 부르지 않는다. 차이점 중 하나가 조종석의 설계이다. F-35A는 조종사가 항상 헬멧장착 시현장치를 착용하기 때문에 기존의 전투기와 같은 전방시현장치(head-up display, HUD)를 장착하지 않지만, AA-1에는 HUD가 장착되어 있다. 그리고 AA-1은 레이더를 비롯한 각종 센서도 장착하지 않고, 무기류의 운용능력도 갖추지 않았다. AA-1은 비행 특성이나 비행 관련 시스템의 시험 · 개발에 이용하는 순수한 시험용이다.

F-35의 기본적인 요소를 확인 · 시험하기 위해 추가로 제작한 AA-1. CTOL이지만, F-35A가 아니라 순수한 시험용 항공기이다.

(사진 제공 : 록히드 마틴)

제3장

테크니컬 가이던스

F-35는 레이더를 비롯해 수많은 최신 기술의 전자기기를 장착한다. 또한, 기체설계와 추진 시스템 등에도 여러 가지 특징이 있다. 이 장에서는 F-35의 기술적 특징에 관해 자세히 설명한다.

F-35 LIGHTNING II

AN/APG-81 레이더

F-35의 주요 센서 중 하나는 기수부분에 장착한 AN/APG-81 레이더이다. 이 레이더는 노스롭 그루먼이 개발한 능동 전자 주사 배열(active electronically scanned array, AESA) 레이더이며, F-22용 AN/APG-77의 공대공 기능과 F-16E/F용 AN/APG-80의 공대지 기능을 조합한 다용도 AESA 레이더이다. 또한, 전자전(electronic warfare, EW) 기능을 증설했다. 이 기능은 AN/APG-77에 피드백 되어 AN/APG-77의 개량형도 만들었다. AN/APG-81은 다음과 같은 기능을 지닌다.

- 공대공 : 독립수색, 섹터수색, 수동수색, 큐수색, 공대공전투모드, 복수표적추적, 공중표적식별, AMRAAM 지원
- 공대지 : 공대지 맵, 지상이동표적의 탐지 · 추적, 지표전자복사탐지, 공대지 거리측정
- 전자전 : 전자공격, 전자방어
- 항법지원 : 기상기능, 항법 맵 데이터
- 기타 : 자동표적 큐, 시스템진단 및 측정

공대공 기능에서는 당연히 복수표적을 탐지하고 처리하는 능력을 지닌다. 지금까지의 시험에서는 레이더 시야 내에 있는 23개의 비행표적을 10초 내에 모두 탐지할 수 있었다. 또한, 포착된 표적의 정보를 포함한 레이더 정보는 이전보다 알기 쉬운 포맷으로 조종석의 커다란 화면에 표시된다. 따라서 조종사는 더욱 상세한 전술상황정보를 얻을 수 있다.

공대지 기능에서는 당연히 합성개구레이더(synthetic aperture radar, SAR) 기능도 갖추었다. 레이더가 포착한 공대지 정보를 영상화해서 조종사

가 볼 수 있도록 하며, 빅 SAR이라고 부르는 디지털 줌인 기능이 있어서 특정 관심지역을 확대해서 볼 수도 있다. 이로써 표적식별이 더욱 간편해지고, 조종사의 부담도 줄일 수 있다. 지상의 여러 표적을 연속해서 자동으로 추적 · 포착할 수 있고, 그것을 표적공격의 지시로 사용할 수 있는 기능도 있다. 또한, 높은 표적식별력 덕분에 군사적표적과 비군사적표적을 구분해서, 비군사적표적을 공격표적에서 자동으로 제외할 수도 있다. 이는 오공격의 가능성을 대폭 줄일 수 있는 기능이다.

AN/APG-81 레이더의 지상표적큐잉 능력을 나타내는 영상. 지상의 여러 표적(왼쪽 아래)을 동시에 포착하고, SAR 영상으로 표시해서 보여준다(왼쪽 위. 알아보기 쉽게 붉은색 원을 그려 넣었다). 이 가운데 공격해서는 안 되는 표적에는 'X' 표시가 되어 있다(오른쪽).

(사진 제공 : 노스롭 그루먼)

AESA 레이더

최근의 전투기에 대부분 장착하는 능동 전자 주사 배열(active electronically scanned array, AESA) 레이더란 레이더의 안테나를 여러 전자소자로 구성하고, 안테나 면을 움직이지 않고 넓은 범위에서 표적을 탐지 · 추적할 수 있는 레이더이다. AN/APG−81은 앞에서도 설명했듯이 F−22의 AN/APG−77의 기술을 이어받았지만, F−35가 소형 전투기이기 때문에 그에 맞춰 장치 자체는 물론 안테나까지 소형으로 만들었다. 따라서 AN/APG−77의 소자 수가 약 1,500~2,000개인 데 비해, AN/APG−81의 소자 수는 1,000개 정도에 불과하다. 이 두 레이더의 개발 시기에는 10년 정도의 차이가 있는데, 그 사이의 기술 진보에 의해 AN/APG−81의 소자와 시스템은 새로운 세대로 탈바꿈했다.

그 한 예로, 송수신(transmit−receive, TR) 모듈이라고 부르는 레이더 신호를 송신하고 수신하는 장치를 들 수 있다. AESA 레이더는 안테나를 구성하는 각 전자소자에 송수신모듈이 달려 있다. AN/APG−77은 TR 모듈이 달려 있는 전자소자들을 기반에 장착하는 방식이었다. 그런데 AN/APG−81은 2개의 송신모듈과 2개의 수신모듈을 하나로 묶은 트윈 팩이라는 TR모듈을 사용한다. 이것은 2개의 소자에 1개의 트윈 팩 모듈을 설치하는(물론 TR 기능은 개별적이다) 형태이다. 이 형태는 TR모듈이 소형화되면서 실현할 수 있었다. 이로써 신뢰성과 정비성이 크게 높아졌다.

AESA 레이더의 커다란 특징은 안테나를 기계적으로 움직이지 않고 각 소자의 전파 빔 방향을 컴퓨터로 제어하여, 넓은 범위를 고속으로 수색할 수 있다는 점이다. 그래서 레이더의 수색 방향을 순간적으로 바꿀 수 있다. 그리고 능동방식으로는 개별 소자에 TR 모듈이 달려 있으므로, 이론상 각 소자에 서로 다른 역할을 부여할 수 있다. 실제로는 소자를 어느 정도의 그룹 단위로 묶어 역할을 부여하지만, 이런 능력에 의해 하나의 레이더로 서로 다른 기능을 동시에 발휘할 수 있다.

F-35의 AN/APG-81은 최신전투기용 AESA 레이더이므로, 상세한 능력은 공개되지 않았다. 하지만 최대 탐지거리가 F-22에 장착된 AN/APG-77의 2/3 정도라는 정보가 있다. 이것이 사실이라면 AN/APG-81의 탐지 거리는 약 170km가 되며, 충분히 긴 탐지 능력을 갖춘 레이더라고 할 수 있다.

AN/APG-81 레이더의 안테나 부위. 1,000개가 넘는 소자로 구성되며, 각 소자가 TR모듈을 갖춘 AESA 레이더이다. 미국의 AESA 레이더 중에서는 새로운 기술이 적용된 최신의 실용형이라고 평가된다.
(사진 제공 : 노스롭 그루먼)

전자광학 추적장치

F-35의 또 한 가지 주요 센서는 기수부분 아래쪽에 장착하는 전자광학 추적장치(EOTS)이다. EOTS는 록히드 마틴에서 개발했다. EOTS는 적외선 센서와 레이저 센서 등 전자광학 장치를 일체화한 표적지시장치로, 공대지용 전방감시적외선(forward looking infrared, FLIR) 추적, 공대공용 적외선 수색 추적(infrared ray search and track, IRST) 모드, 전술용 아이 세이프 다이오드식 레이저에 의한 표적 추적, 레이저에 의한 수동 및 능동거리측정, 정밀공격무기용의 고정밀도 좌표생성 등의 기능을 갖춘 공대공 · 공대지 겸용 시스템이다. 또한, 디지털 줌 기능을 포함한 여러 센서 시야를 지녔기 때문에, 지상 표적에 대한 상세한 정보를 파악하고 공격피해평가(bomb damage assessment, BDA)를 할 수 있다. 그리고 최신광학영상처리기술을 도입했으므로 고화질 광역 지상 영상을 얻을 수 있고, 확대율을 키워도 화질이 거의 나빠지지 않는다. 이 장치에 관한 구체적인 성능은 아직 공표되지 않았지만, 제작사인 록히드 마틴에 따르면 최대탐지거리가 AN/APG-81 레이더와 거의 같다고 한다.

EOTS의 특징 가운데 하나는 장치 자체가 매우 정교하기 때문에 장치 전체의 넓이가 49.3cm, 길이가 81.5cm, 높이가 69.9cm밖에 되지 않고, 중량도 88kg으로 매우 가볍다는 점이다. 부피도 겨우 0.113m^{3}여서 기내에 커다란 공간이 필요 없기 때문에, F-35의 기수부분 아래쪽 유리구조물 안에 완전히 수납할 수 있다. 센서용 개구부는 아랫면에만 장착되어 있고, 7개의 투명 유리를 이용한 페어링을 통하여 표적을 포착한다. 개구부는 아래쪽으로만 향해 있지만, 고속으로 방향을 바꿀 수 있는 거울이 있고 장치 자체가 상하좌우로 회전하는 짐벌(gimbal) 장치에 장착되어 있기 때문에, 센서를 기체의 위쪽은 물론 앞쪽의 어느 방향으로도 향하게 할 수 있다. 이로써 자신의 기체보다 높은 고도를 비행하는 표적도 포착할 수 있다. 또한, 이 짐벌은 관성이 낮은 유닛에 장착되어 있으므로, 매우 높은 속도로 회전하면서도 높은 안정성을 확보할 수 있다. 그리고 개구부의 페어링에 유리가 설치되어 있다는 점과, 기수부분 아랫면에 밀착케 해서 돌출부를 최소한으로 억제했다는 점 때문에 기체 자체의 높은 스텔스성을 유지할 수 있다. EOTS는 스스로 전파를 내보내지 않는 수동식 장치이므로 방해받거나 역탐지당하지 않는다. EOTS와 레이더가 조합함으로써 F-35는 여러 전투 환경하에서 최대 능력을 발휘할 수 있다.

F-35의 기수부분 아랫면에 장착한 전자광학 추적장치(EOTS). 유리가 끼워진 카누 모양의 페어링 안에 수납하여 밀착되게 장착하기 때문에 스텔스성이 떨어지지 않는다. (사진 : 아오키 요시토모)

AN/AAQ-37 전자광학 분배 장치

F-35에서 3번째로 중요한 센서가 노스롭 그루먼이 개발한 AN/AAQ-37 전자광학 분배 장치(EO DAS)이다. EO DAS는 적외선을 사용한 탐지장치인데, 장치의 센서는 기체의 6군데에 내장되고, 각 센서의 위치에 작은 유리창이 달려 있으며, 그곳에서 적외선 정보를 탐지한다. 각 센서는 90도의 탐지 범위를 지니고, 6군데에 효율적으로 분산 배치해서 탐지범위를 디지털식으로 융합함으로써 기체 주변을 360도 빠짐없이 감시할 수 있다.

EO DAS의 주요 기능은 미사일 탐지 및 추적, 미사일 발사위치 탐지, 적외선 수색 추적(IRST) 및 표적지시, 무기지원, 주야간 항법 등이다. 미사일이나 발사위치 탐지는 F-35에 높은 자기방어능력을 부여한다. 지대공 미사일의 발사위치를 신속히 측정하는 능력, 표적 항공기를 예측하는 기능, 발사된 미사일을 탐지하는 능력을 갖춤으로써, 사전에 위협을 탐지해서 대항 수단을 재빨리 선택하거나 지대공 미사일 진지를 신속히 공격할 수 있다.

공대공 기능에서는 상황인식형 IRST 및 표적 지시가 큰 특징이다. 앞에서 설명했듯이 360도의 범위에 위치한 여러 항공기를 탐지할 수 있고, 근접전투에서도 EO DAS는 그 능력이 유지된다. F-35가 극심한 기동을 보이는 근접전투에서도 EO DAS는 표적을 놓치지 않고 추적할 수 있다. 기존의 식별 장치로는 이런 상황에서 이따금 표적을 놓치기도 했다. 또한, 조종사도 기동이 극심해질수록 표적에 대해 혼란을 일으키지만, EO DAS는 그런 상황에서도 표적을 계속 포착할 수 있으므로 설령 조종사가 표적을 잃어버리더라도 전투상황의 인식력을 계속 유지할 수 있다. 덧붙여, 이 기능은 근접전투 중에 일어날 수 있는 공중충돌의 위험성을 회피하는 역할도 한다.

EO DAS의 또 한 가지 눈에 띄는 특징은, 주야간 항법에 사용하는 비주얼 모드이다. 이 모드는 주야간을 불문하고 매우 높은 화질의 영상정보를 조종사에게 제공한다. 그리고 이 영상정보는 조종사의 바이저(visor)에 직접 비치기 때문에 야간비행을 할 때에도 조종사는 눈앞에 보이듯이 쉽게 상황을 파악할 수 있다. 따라서 시야가 제한되는 암시고글(역자주: 한국명은 야간투시경)을 사용할 필요가 없다. 조종석에도 암시고글용의 특별한 조명을 갖출 필요가 없다.

AN/AAQ-37 EO DAS의 센서는 기체 6군데의 부위에 내장하여 기체 주변을 모두 커버한다. 위의 사진에서 AN/AAQ-37 EO DAS가 내장된 장소를 붉은색 사각형으로 나타냈다. 오른쪽 사진은 EO DAS의 센서이다.
(사진 제공 : 두 사진 모두 노스롭 그루먼)

센서융합

F-35는 지금까지 설명한 레이더, EOTS, EO DAS 외에도 레이더 경계 장치 등 여러 가지 센서를 장착한다. 그리고 F-35에서는 그런 센서에 의해 탐지한 각종 정보가 일체화되어 조종사에게 제공된다. 이런 기술을 센서융합이라고 부른다.

전투기가 다양한 센서를 장착하게 된 것은 결코 최근의 일이 아니다. 1950년대 중반 이후에는 전투기에 레이더를 장착하는 것이 이미 상식화되었다. 그리고 그 레이더파를 포착해서 경보를 울리는 레이더 경보 수신기도 개발하여 전투기에 장착하기 시작했다. 그런데 근래에 신세대 전투기가 등장하기 전에는 그런 각종 센서가 각각 독립적으로 기능했고, 센서의 정보도 개별적으로 조종사에게 전달되었다. 예를 들어, 레이더에는 레이더만의 전용표시화면이 필요했고, 레이더 경보 수신기에도 전용시현장치가 사용되었다. 적외선 장치의 광학센서가 포착한 영상정보도 역시 별도의 시현장치에 나타냈다. 따라서 조종사는 각종 센서가 수집한 정보를 여러 화면으로 읽고 머릿속에서 종합적으로 이해한 후 전투 상황을 인지하고 앞으로 취해야 할 행동을 판단해야 했다.

그러나 디지털 기술과 시현장치 기술이 발전하면서, 여러 가지 센서 정보를 컴퓨터가 일괄해서 하나의 시현장치에 나타낼 수 있게 되었다. 이처럼 센서정보가 융합되자 조종사는 하나의 화면만 보고도 전투상황, 작전진행상황, 자신의 표적 등을 신속히 알 수 있게 되었다. 또한, 센서가 포착한 정보와 데이터 링크 장치를 통해 얻은 여러 정보 중에서 당장에 필요 없는 정보를 배제할 수도 있고, 자신에게 여러 위협이 존재하는 경우 대응해야 할 위협의 우선순위를 알 수도 있다. 그리고 표시 자체도 해석하기 쉬운 포맷으로 조종사에게 전달된다. 이런 센서융합기술은 현재도 꾸준히 발전하고 있으므로, 가장 최근에 개발된 전투기인 F-35는 그만큼 최신 기술을 이용하고 있다고 할 수 있다. 이에 따라 항공기 자체의 전투력이 더욱 높아지고, 생존성도 크게 향상되었다.

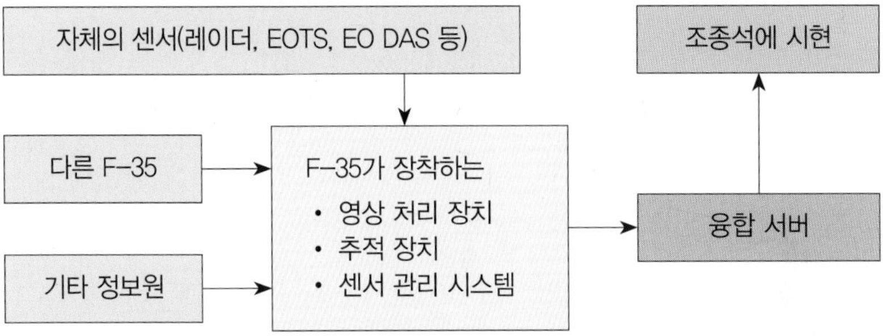

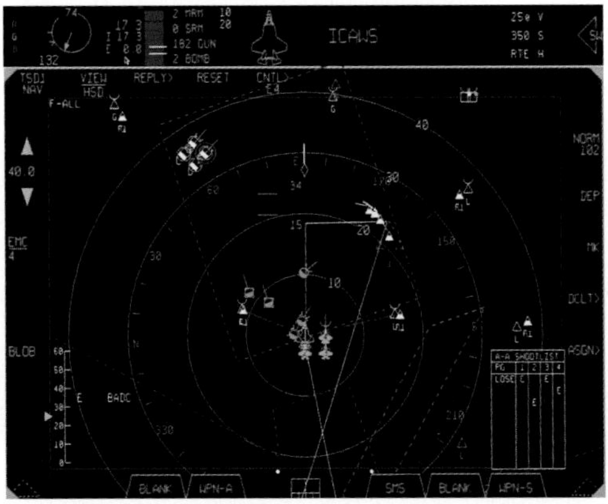

F-35는 센서융합기술 덕분에, 장착하는 각종 센서가 포착한 정보뿐 아니라 편대 내외부에서 수집한 정보까지 일괄적으로 처리해서 조종사에게 전달한다. 사진은 전술상황을 시현한 예이다.
(사진 제공 : 록히드 마틴)

조종석의 특징

완전히 새로운 개념을 도입한 조종석을 보면 F-35가 최신세대 전투기임을 잘 알 수 있다. 오늘날 항공기의 조종석은 화면식 다기능 시현장치를 이용한 이른바 유리조종석(glass cockpit)이 주류이다. 그런데 F-35에서는 이를 더욱 발전시켜 주계기판 전체를 하나의 커다란 화면으로 구성하고, 그 화면을 여러 창으로 나누어 다양한 정보를 표시할 수 있도록 했다.

이 화면은 넓이 50.8cm×높이 22.9cm이다. 가운데에서 이등분되어 있으므로 넓이 25.4cm의 화면 2개로 구성된다고 할 수 있다. 또한, 위에서부터 2.5cm 부분까지는 가로로 기다란 화면이 놓여 있다. 이곳은 연료를 비롯한 각종 기본 시스템 상황을 모니터하기 위한 서브시스템 모니터링 시현장치이다. 그 아래의 커다란 화면은 앞에서 설명했듯이 몇 개의 창으로 나눌 수 있다. 다만, 그 크기는 어느 정도 정해져 있다. 가장 큰 창은 세로 20.3cm×가로 25.4cm로, 전체 화면의 반을 차지하며 전술상황을 표시하는 데 이용된다. 그 다음으로 큰 창이 세로 20.3cm×가로 12.7cm로, 역시 전술상황이나 센서정보, 혹은 때에 따라 필요한 시스템상황 등을 표시하는 데 이용된다. 이 화면을 사방 12.7cm의 정사각형으로 잘라내면 그 아래에 5.4cm×6.4cm의 작은 화면이 2개 생긴다. 이곳에는 시스템정보, 비행제원, 무장상황 등을 표시한다. 그리고 화면 전체는 터치스크린 방식이므로 화면 사이즈를 변경하거나 표시 내용을 바꾸거나 특정 표시의 상세 정보를 보고 싶을 때에는 화면을 손가락으로 누르기만 하면 된다.

F-35 조종석의 또 한 가지 특징은 전방시현장치(HUD)가 없다는 점이다. F-35의 조종사는, 바이저에 투영되는 HUD 정보를 볼 수 있는

헬멧을 착용한다. HUD는 계기판에 눈을 돌리지 않고도 필요한 정보를 얻을 수 있는 편리한 시현장치로, 특히 전투행동 시에는 표적의 조준정보까지 표시할 수 있어서, 조종사는 더욱 전투에 집중할 수 있다. 그런데 예전의 HUD는 계기판 윗부분에 고정되어 있었으므로 조종사가 꼭 정면을 바라봐야만 정보를 얻을 수 있다는 문제가 있었다. F-35에서는 헬멧의 바이저를 통해 이런 문제를 해결했고, 조종사는 어느 방향을 바라보더라도 항상 HUD에 표시되는 정보를 입수할 수 있게 되었다.

F-35의 주계기판은 하나의 커다란 화면으로 구성되며, 그 아래에는 화면이나 헬멧 표시 장치를 조절하는 패널, 예비계기 화면, 무장을 조정할 수 있는 마스터 암 스위치 등이 있다. HUD가 없는 것도 F-35 조종석의 특징이다.

(사진 제공 : 록히드 마틴)

커다란 화면에 표시되는 예

F-35의 조종석을 구성하는 커다란 화면은 조종사가 시현내용이나 화면의 크기를 자유롭게 선택할 수 있다. 정보의 중요도와 조종사에게 필요한 내용은 비행단계나 작전행동 상황에 따라 항상 달라지므로, 조종사가 수많은 정보 중에 우선순위가 높은 것을 표시하도록 조정한다. 따라서 화면의 시현포맷이나 내용에는 정해진 것이 없다. 여기에서는 실제 표시 사례를 2가지 들어서 어떤 정보가 어떤 식으로 표시되는지 살펴본다(화면 윗부분의 서브시스템 모니터링 표시는 생략한다).

81쪽 위의 사진은 F-35B가 이착륙할 때의 화면 표시 예이다. 가장 왼쪽 위에는 엔진 정보가 정리되어 있다. 추력, 회전수, 배기온도 등의 상태가 나타나며, 아울러 유압 시스템 정보도 가운데에 수치로 표시된다.

그 아래의 작은 화면은 왼쪽이 연료량, 오른쪽이 비행조종장치 상태를 나타낸다. 중앙 왼쪽은 무장계통의 상황이며, 이 표시에서는 모든 스테이션에 무장이 장착되지 않았음을 알 수 있다. 또한, 무장창 덮개의 상태(열림, 닫힘)도 표시된다. 중앙 오른쪽은 연료 표시이며, 각 연료탱크에 있는 연료량이 구체적으로 나타난다. 그 아래는 왼쪽이 고장정보 표시(표시가 없으므로 문제가 없다는 뜻이다)이고, 오른쪽이 엔진정보 표시이다. 가장 오른쪽은 STOVL 추진시스템(리프트 팬 등)의 작동상태를 나타낸다. 아래의 작은 화면은 왼쪽이 기체진단장치이고, 오른쪽이 경보메시지 표시이다.

아래의 사진은 F-35A가 센서를 작동한 상태에서의 화면 표시 예이다. 가장 왼쪽은 각 연료탱크의 연료량이고, 중앙의 두 창은 레이더 등의 센서를 융합한 표시이고, 오른쪽은 광역정보를 표시한다. 왼쪽은 광역정보 중에서 오른쪽 45도 위의 범위를 확대한 표시이다. 가장자리에서 비행기 모습으로 나타난 것이 아군기이고, 붉은 삼각형으로 에워싸인 것이 위협이 된다고 여겨지는 지상의 표적이다.

가장 오른쪽 화면은 위쪽이 광학 센서에 의한 영상정보 표시이고, 붉은 삼각형 안에 공격 표적이 있다. 그 아래의 두 화면은 무장정보 화면인데, 왼쪽이 공대지 무기를 표시하고, 오른쪽이 공대공 무기를 표시한다. 공대지 무기 표시 화면에서는 스테이션 4(왼쪽 무장창)에 장착한 GBU-31 2,000파운드(907kg) JDAM을 투하할 수 있음을 알 수 있다.

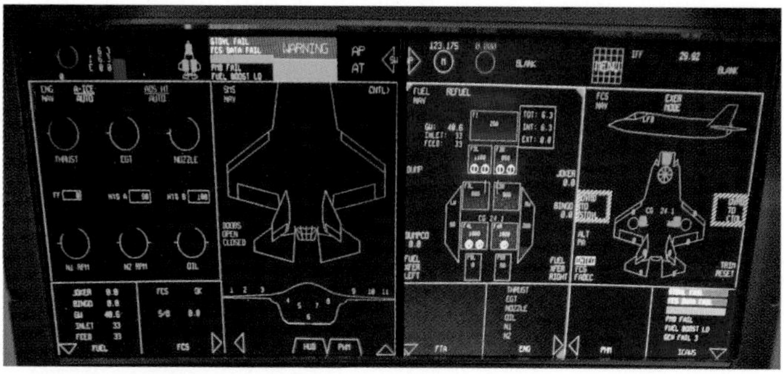

F-35의 커다란 화면에 표시되는 예. 위의 사진은 F-35B가 이착륙할 때이고, 아래 사진은 F-35A가 센서를 작동한 상태이다. 아래 시진에서는 서브모니터링 표시가 노란색 테두리로 에워싸여 있는데, 실제로는 이런 테두리가 표시되지 않는다. (사진 제공 : 두 사진 모두 록히드 마틴)

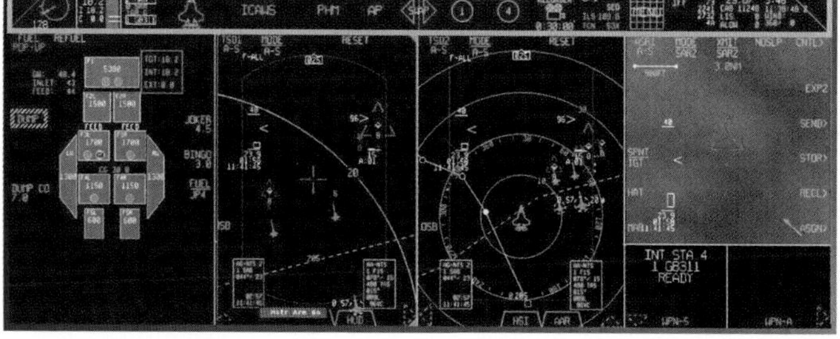

헬멧장착 시현장치

전자광학의 기술이 발전함에 따라 전투기 조종사가 착용하는 헬멧도 소형화 · 경량화되었다. 헬멧에는 시현장치가 장착되어 바이저에 정보를 투영할 수 있다. 이런 장치를 헬멧장착 시현장치(helmet mounted display, HMD)라고 한다. 수많은 신세대 전투기는 HMD가 설치된 헬멧을 사용한다. 또한 F-35에는 79쪽에서 설명한 전방시현장치(HUD)가 없기 때문에 HMD가 설치된 헬멧을 착용하는 것이 기본이다. 덧붙여, F-35용 장치는 이스라엘의 엘비트사의 관련 기업이자, 캘리포니아 주에 본거지를 둔 비전 시스템스 인터내셔널(VSI)사가 개발을 담당했다.

HMD에 표시되는 주요 정보는 기본적인 비행정보이지만, 무장의 조준정보도 표시할 수 있다. 이는 단사정(within visual range, WVR) 공대공 미사일로 전투할 때 사용하는 것으로, 조종사가 머리를 움직여서 적기를 조준할 수 있다. 예를 들어, 자신의 측후방에 있는 적기를 바라보고 이 장치를 사용해서 록온(lock-on)을 하면 그 정보가 WVR 공대공 미사일에도 전달된다. 이때 미사일을 발사하면 미사일이 일단 앞으로 나가지만, 금세 방향을 측후방으로 바꾸어 조종사가 보고 있는(지시한) 방향을 향하고, 센서(기본적으로 적외선 센서)에 의해 미사일 자체가 표적을 포착해서 맞추게 된다. 이는 기존의 WVR 미사일에서는 불가능했던 공격 능력이며, 이를 오프 보어사이트(off-boresight, 조준선 밖) 교전이라고 부른다. HMD와 신세대 적외선탐지장치를 갖춘 미사일을 조합함으로써 가능한 교전이다. 이런 장치는 헬멧장착 조준장치(helmet mounted symbology system, HMSS) 또는 헬멧장착 큐잉장치(helmet mounted cueing system, HMCS)라고 하며, F-35의 시스템에도 물론 장착되어 있다.

이런 장치에서 큰 문제가 되는 것이 중량이다. 조종사의 부담을 생각하면 헬멧을 가능한 한 경량화해야 한다. 만일 장치 전체의 중량이 4kg이 되면 헬멧을 쓰는 것만으로도 큰 부담이 된다. 게다가 전투행동 시에는 최대 9G의 힘이 실리기 때문에 그 중량은 36kg으로 늘어난다. 이러면 목에 큰 부담이 생겨 부상을 입을 수도 있다. VSI에서는 F-35의 HMD를 중량 2kg 이하로 개발하겠다는 목표를 실현했다. 그리고 F-35의 HMD에는 74쪽에서 설명했듯이 EO DAS의 영상 정보도 표시되므로, 조종사는 전용 암시고글을 착용할 필요가 없고, 한 종류의 헬멧으로 어떠한 형태의 작전행동이라도 수행할 수 있다.

VSI사가 개발한 F-35용 시현장치를 내장한 헬멧. 바이저에 각종 정보가 표시된다. 위의 사진은 비행제원과 조준정보를 시현한 이미지이고, 아래 사진은 적외선 센서 영상을 시현한 이미지이다. (사진 제공 : VSI)

조종간과 스로틀 레버

F-35의 조종간(control stick)과 스로틀 레버(throttle lever, 추력조종 손잡이)의 배치는 기존의 전투기와 동일하다. 조종간은 사이드 스틱 방식이므로 오른쪽 콘솔 위에 있고, 스로틀 레버는 왼쪽 콘솔 위에 있다. 조종간과 스로틀 레버에는 여러 스위치가 달려 있어서 조종간이나 스로틀 레버에서 손을 떼지 않고도 다양한 조작을 할 수 있다. 이런 방식을 일체형 조종간(hands on throttle and stick, HOTAS)이라고 하는데, 이것도 기존의 전투기와 동일한 방식이다.

조종간은 사이드 스틱인 점에서 F-16이나 F-22와 동일하다. 하지만 F-16이나 F-22에서는 조종간 자체가 거의 움직이지 않는 데 비해, F-35에서는 조종간이 여러 방향으로 움직인다. 다만 그 작동 범위는 약 4cm로, 그다지 크게 움직이지는 않는다. 비행 조종 컴퓨터는 조종사가 조종간을 움직이려는 힘이나 방향을 검출해서 조종사의 조종 의도를 판단한다.

스로틀 레버는 앞뒤로 22.9cm의 범위에서 움직이며, 움직이는 도중에 끊어짐 없이 매끄럽게 작동한다. 엔진의 추력에 관한 정보는 계기판 화면 위쪽의 왼쪽 구석에 위치한 엔진 모니터를 보면 알 수 있다. 이 계기판은 작은 원과 숫자로 이루어져 있다. 원 안의 바늘이 움직이는 모습으로 파워를 알 수 있고, 왼쪽 아래의 2자리 숫자로 추력의 비율(%)을 알 수 있다. 또한, 애프터버너로 점화하면 원형 계기 주위가 노란색과 검은색의 비스듬한 라인으로 이루어진 사각형으로 에워싸이므로, 조종사는 육안으로 애프터버너 점화를 인식할 수 있다.

F-35B에서는 STOVL 모드를 선택하면 스로틀 레버의 움직임과 비행상태에 대응해서 변향식 배기구, 리프트 팬, 롤 포스트가 자동으로

작동되어 STOVL 비행이 가능하다. 현재 운용 중인 STOVL AV-8B 해리어Ⅱ에서는 회전식 노즐의 조작용으로 스로틀 레버 안쪽에 전용 조작 레버가 있고, 조종사는 한 손으로 2개의 레버를 조작해야 한다. 하지만 F-35B에서는 그런 조작 레버를 없애고 조작 방법을 간편화했다. F-35 각 형태의 조종석을 공통화하는 데에도 성공했다. 그리고 F-35B에서는 호버링이나 수직착륙 상태에 들어가더라도 기수부분의 상하(pitching) 조종은 조종간을 앞뒤로 조작하고, 횡전(rolling) 조종은 조종간을 양옆으로 조작하며, 기수부분의 좌우(yawing) 조종은 방향타 페달로 조작한다. 이런 점은 통상적인 항공기와 별반 다르지 않다. 또한, 전진 · 후진 · 횡진도 조종간과 스로틀 레버를 조작함으로써 이루어진다.

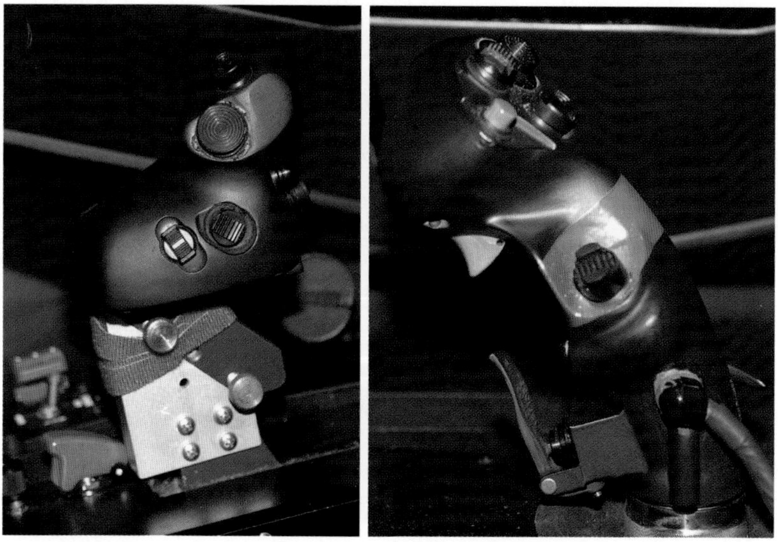

왼쪽 콘솔에 있는 스로틀 레버(왼쪽)와 오른쪽 콘솔에 있는 조종간(오른쪽). 스로틀 레버는 앞뒤로 움직이고, 조종간은 여러 방향으로 조금씩 움직인다. 스로틀 레버와 조종간에는 여러 가지 스위치가 달려 있어서 HOTAS 조작이 가능하다. 사진은 시뮬레이터이다.

(사진 제공 : 두 사진 모두 록히드 마틴)

사출좌석과 캐노피

F-35의 조종사는 영국의 마틴 베이커사가 개발한 Mk16E 사출좌석을 개조한 US16E 사출좌석에 앉는다. 이 좌석은 F-35/A/B/C 3가지 형에 공통으로 장착하며, 대응 가능한 조종사의 체중은 47~111kg이므로 실용상 남녀를 가리지 않고 대부분의 조종사에게 적용할 수 있다. 조종사가 탈출 조작을 하면 우선 캐노피에 들어 있는 소형 파쇄 코드가 캐노피에 금을 내고, 로켓 모터가 점화되면 좌석의 상단부가 캐노피를 깨뜨리고 조종사를 사출한다. 좌석이 공중에서 안정되면 조종사와 좌석이 분리되고 낙하산이 펴진다. 탈출 조작을 시작하고 나서 낙하산이 펴질 때까지 걸리는 시간은 불과 2초이며, 또한, 조종사는 고도 0m, 속도 0km/h의 상태에서도 탈출할 수 있다. 조종사를 지상에 안전하게 내려놓는 낙하산은 낙하 속도를 24km/h 이하로 낮출 수 있다. 그리고 좌석 등받이는 F-16 등 일부 전투기에서는 조종사가 중력 하중을 견디는 능력을 높이기 위해 크게 제쳐져 있지만, F-35는 F-22와 마찬가지로 약간만 제쳐져 있다.

F-35의 조종석을 감싸는 캐노피는 내부에 프레임이 있는 일체형 캐노피이다. 또한, 조종석 내에 레이더파가 들어오지 못하도록, 설령 들어왔더라도 반사파가 나가지 못하도록 금(gold) 등의 소재로 코팅되어 있다는 점도 F-22와 동일하다. 차이점은 개폐 방식이다. F-35는 캐노피 프레임의 가장 앞부분 중앙에 경첩이 있어서 뒷부분을 들어 올려 여는 방식이다. 록히드 마틴은 3가지 장점 때문에 이 방식을 F-35에 적용했다.

첫째, 사출좌석의 정비, 교환, 좌석 뒤쪽에 있는 전자기기실 접근을 쉽게 하고 정비성을 높일 수 있다. 둘째, 캐노피 프레임과 동체 사이에 생기는 틈을 줄여서 스텔스성을 더욱 유지할 수 있다. 셋째, 캐노피 시스템의 설계를 F-35 A, B, C 모든 형에서 공통화할 수 있다.

STOVL형 F-35B는 조종석 바로 뒤에 리프트 팬을 장착하기 때문에 캐노피 길이를 짧게 해야 한다. 뒤쪽에 경첩이 달린 방식으로 만들면 설계를 전체적으로 변경할 수밖에 없고 기구도 약간 복잡해진다. 하지만 앞쪽에 경첩이 달린 방식으로 만들었기 때문에 이런 문제가 발생하지 않는다.

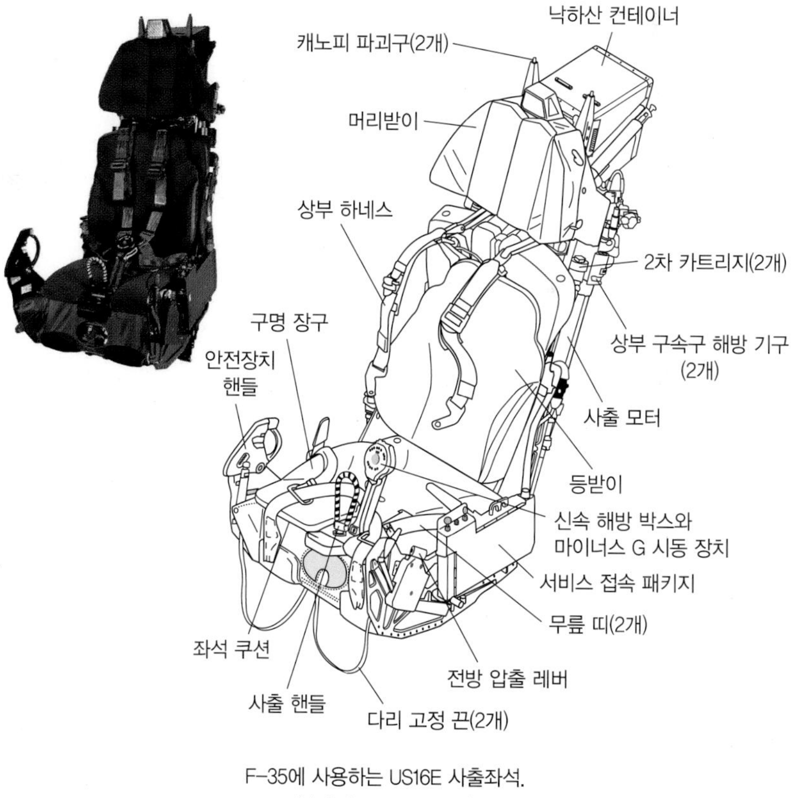

F-35에 사용하는 US16E 사출좌석.
(사진 제공 : 마틴 베이커)

비행 조종 장치

F-35의 비행 조종 장치는 디지털식 컴퓨터를 활용하는 완전한 전자 제어 시스템이며, 파워 바이 와이어(power by wire)라고 부른다. 기본적으로는 오늘날 많은 항공기들에서 사용하는 플라이 바이 와이어(fly by wire)와 비슷하지만, 조종타의 작동 방식에 차이가 있다.

플라이 바이 와이어는 조종간과 방향타 페달 조작을 전기신호로 바꾸고, 기체의 비행 상태와 대기 정보를 컴퓨터로 첨가해서 조종 의도에 알맞은 최적의 조종 신호를 만들어낸다. 그 조종 신호가 조종면을 움직이는 액추에이터 장치에 전달함으로써 조종하는 체계이다. 다만 그 액추에이터는 유압장치로 작동하므로 항공기는 완전한 유압 시스템도 갖춰야 한다.

이에 비해 파워 바이 와이어는 유압 시스템을 전기 시스템으로 바꾸고 전기신호로 액추에이터를 움직이도록 했다. 그런데 이런 방식으로는 전기 계통에 문제가 발생했을 때 모든 조종 조작을 할 수 없게 된다. 그래서 전기 액추에이터 내부에는 독자적인 전동 유압 시스템을 내장하여 액추에이터 자체는 전기와 유압으로 모두 작동하도록 설계하였다. 이것이 전기 유압 액추에이터(electrohydraulic actuator, EHA)이며, F-35에서는 주날개 전연의 플랩 이외의 움직날개는 모두 EHA로 움직인다. F-35의 1차비행조종날개 면은 주날개 후연의 플래퍼론, 전동식의 수평안정판, 수직안정판 후연의 방향타로 구성되며, 그중 방향타는 1계통만으로 이루어진 간소형 EHA가 사용된다. 그런데 플래퍼론과 수평안정판에는 듀얼 탠덤(dual tandem)이라고 하는 2중 시스템을 갖춘 EHA가 사용된다. 또한, F-35C에서는 외익부 후연에 달려 있는 독립된 보조날개에 1계통의 EHA가 사용된다. 그리고 앞에서 설명한 주날개 전연 플랩은 전기 시스템으로 작동한다.

이런 파워 바이 와이어 장치의 가장 큰 장점은 장소와 중량을 차지하는 유압 관련 장치를 배제할 수 있다는 것이다. 또한, 유압 시스템을 정비할 필요성이 없어지기 때문에 정비 비용도 줄일 수 있다. 하지만 F-35에서 유압 시스템이 완전히 사라진 것은 아니다. 무장창 덮개를 개폐하거나, 착륙 장치를 올리고 내리거나, F-35의 기관포를 구동하는 데에는 유압을 사용한다. 유압 시스템 작동유의 압력은 27.58MPa이며, 이는 F-22의 유압 시스템과 동일한 압력이다.

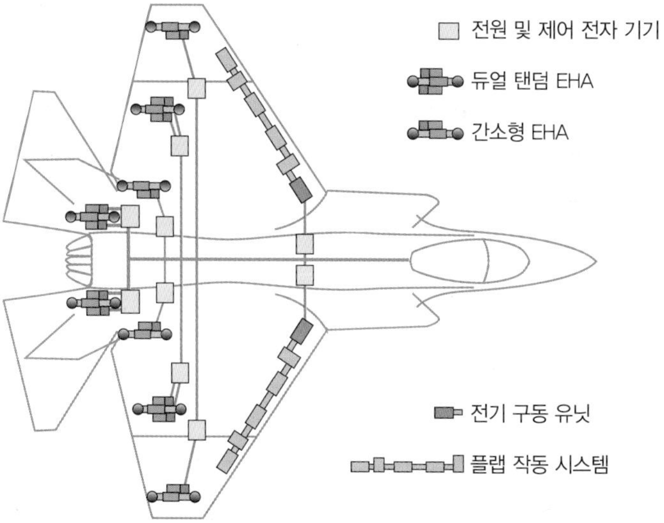

F-35 비행 조종 장치의 구성도. 전연 플랩을 제외한 모든 조종날개 면이 EHA로 작동한다. 이것을 파워 바이 와이어 조종계통이라고 한다(그림은 F-35C).

주날개

F−35 주날개의 평면은 전연에 후퇴각(기체 중심선에 대해 뒤쪽으로 비스듬한 각도), 후연에 얕은 전진각(후퇴각과 반대로 앞쪽으로 비스듬한 각도)을 갖는다는 점에서 F−22와 동일하다. 하지만 F−22가 익단부에서 세밀하게 각도를 달리하는 모접기 날개인 데 비해, F−35는 익단부를 직선으로 만든 간단한 모양이다. F−35 주날개 전연의 후퇴각은 약 33도이어서 F−22의 42도에 비해 다소 작다. 이는 F−22만큼의 고속비행능력이 요구되지 않았기 때문이다. 후연의 전진각은 약 14도인데, 이것도 F−22의 약 17도에 비하면 약간 작다.

주날개의 후연에 있는 플래퍼론은 횡전(roll) 조종을 하는 보조날개(aileron)와 저속비행 시 양력을 키우는 플랩의 기능을 겸비했다. CV형 F−35C에서는 주날개의 외익부가 연장되어 있다. 접히는 기능을 위해 분할된 내익부 후연은 플래퍼론이고, 외익부 후연은 에일러론이다. 전연에는 거의 전체 날개 너비에 해당하는 플랩이 있고, 후연의 플래퍼론과 조합해서 작동함으로써 저속비행 시 큰 양력을 만들어낸다. 이 전연 플랩은 공중전과 같은 급기동을 할 때에도 효과를 발휘하며, 속도를 잃더라도 급기동비행을 가능하게 한다. 그래서 전투기의 전연 플랩은 공중전 플랩이라고도 부른다. 전연 플랩에 관해 자세히 발표된 자료는 없지만, F−22와 마찬가지로 아래로 내려갈 뿐 아니라 위로도 올라감으로써 비행 가능한 상태에서 이탈하는 것을 방지하는 기능이 갖춰졌으리라 추측된다. F−35A/B에서는 전연 플랩이 커다란 하나의 플랩이지만, F−35C에서는 후연과 마찬가지로 주날개가 접히는 부분에서 나뉘어서 한 날개에 2개의 플랩으로 구성된다. 그리고 F−35C에서 주날개를 키운 이유는 착함 진입 속도를 줄이기 위해서이며, 주날개의 면적은

F−35A/B가 42.74m²인 데 비해 F−35C는 62.06m²이다.

주날개와 동체가 연결되는 부위는 공기 흡입구보다 위쪽이다. 이를 어깨날개(shoulder wing, 견익)배치라고 부른다. 다만, 단발의 F−35는 대형 엔진을 수납하는 동체 중앙부에서 후연에 걸쳐 등 부분이 크게 솟아 있다. 그리고 그 부분에서 주날개를 향하는 라인은 부드러운 곡선으로 형성되었다. 이처럼 동체와 주날개가 일체화된 라인으로 이루어진 구성을 동체−날개 혼합형 구조(blended wing−body)라고 한다.

바로 위에서 바라본 F−35B(왼쪽)와 F−35C(오른쪽). 주날개는 후퇴각이 동일하지만 F−35C의 날개 너비로 확대하여 대형화하였음을 알 수 있다. 주날개만큼 명료하지는 않지만, 수평안정판과 수직안정판도 확대했다. (사진 제공 : 두 사진 모두 록히드 마틴)

꼬리날개

F-35 꼬리날개 구성은 F-22와 마찬가지로 전동식(all movable) 수평안정판과, 바깥쪽으로 기울어진 2개의 수직안정판으로 구성하였다. 또한, 수직안정판의 후연에는 기수의 좌우 방향(yaw) 조종에 사용하는 방향타가 있다. 스텔스성을 높이는 중요한 수법 중 하나가 기체 각 부위에 사용되는 각도를 최대한 통일하는 것이다. 수평안정판의 전연 후퇴각과 후연 전진각은 주날개와 동일한 약 33도와 약 14도이다. 수직안정판의 전연 후퇴각은 그보다 큰 약 42도이다. F-22에서는 수직안정판에 전연과 동일한 각도의 전진각이 설계되었지만, F-35에서는 후연에도 후퇴각이 설계되어 있다. 이런 차이는 주로 기체 크기의 차이 때문이며, F-35에서 충분한 방향 안정성과 방향타의 효과를 확보하기 위해 이런 형상이 되었다. 또한, 수직안정판의 경사각은 초기 단계의 설계에서는 약 25도였지만, 지금은 약 19도로 줄었다.

전동식 수평안정판의 형상은 주날개와 동일하다. 한편, 꼬리날개와 동체가 부착되는 부위를 최대한 뒤로 가져가서, 안쪽 부위는 앞에서부터 거의 절반 정도의 위치에서 뒷부분 동체가 끝나고, 그보다 뒤쪽은 수평안정판이 차지한다. 이로써 수평안정판을 중심 위치에서 최대한 떨어뜨려, 더 작은 면적으로 커다란 조종 효과를 얻을 수 있다. 수평안정판은 기본적으로 좌우를 같은 방향으로 움직임으로써 기수의 상하(pitch) 조종에 사용하는데, 좌우를 역방향으로 움직임으로써 횡전(roll) 조종을 할 때 주날개 후연의 플래퍼론을 보좌한다. 수직안정판 후연의 방향타는 앞서 설명했듯이 요(yaw) 조종에 사용되는데, 쌍방의 후연 부위를 역방향으로 움직임으로써 공기 저항을 만들어 내는, 에어 브레이크로도 사용하게 하였다.

90쪽에서 설명했듯이 CV형 F-35C에서는 주날개가 대형화되었는데, 꼬리날개도 그에 맞게 다른 형태의 기종보다 더 커진다. 면적은 공표되지 않았지만, 수평안정판은 바깥쪽으로 연장되어 전폭이 F-35A/B의 7.29m에서 8.64m로 넓어졌다. 수직안정판도 위쪽으로 늘어나서 전고가 F-35A/B의 4.57m에서 4.72m로 증가했다. 또한, STOVL형 F-35B에서는 기체 중량을 줄이기 위해 수직안정판의 윗부분을 약간 잘라낼 것이라는 주장도 있었지만, 록히드 마틴이 공표한 수치에 따르면 F-35A와 F-35B의 전고는 동일하므로 변화는 없을 것으로 보인다.

AA-1의 수직안정판과 수평안정판. 수직안정판은 전연과 후연에 모두 후퇴각이 설계되었고, 후연 방향타의 면적은 비교적 작다. 전동식 수평안정판은 뒷부분 동체보다 더 뒤쪽에 두었다.
(사진 제공 : 록히드 마틴)

착륙 · 제동 장치

F-35의 착륙 장치는 통상적인 전투기와 마찬가지로 좌우 주날개 부착 부위에 달려 있는 주착륙장치(main gear)와, 기수 아랫부분의 전륜(nose gear)으로 구성되는 전륜식 3각 구성이다. 모든 랜딩기어는 앞쪽으로 접어서 수납한다. 전방 랜딩기어는 기수 부위 안의 수납실에, 주 랜딩기어는 동체 측면의 격실에 수납한다. 각 랜딩기어에 있는 덮개의 전연 부위와 후연 부위는 스텔스성을 유지하기 위해 직선이 아니라, 일정한 각도를 지닌 물결 형태로 되어 있다. F-35A와 F-35B는 3개의 랜딩기어 모두 바퀴가 1개씩이지만, F-35C의 전방 랜딩기어는 좌우로 나란한 2개의 바퀴가 있다. 이는 항공모함에서 발진할 때 캐터펄트에 전방 랜딩기어를 고정하기 위해 랜딩기어에 캐터펄트 발진 바를 장착해야 하고, 바퀴 사이로 발진 바를 내놓기 위한 장치이다. 이는 오늘날의 미국 해군 함상기에서는 필수적인 형태이다. 또한, F-35C에서는 착함 시의 극심한 충격을 견딜 수 있도록 3개의 랜딩기어 모두 F-35A/B보다 강도를 높게 제작했다. 조종석 정면 왼쪽에 있는 레버를 통한 유압으로 랜딩기어를 위아래로 움직인다. 그런데 랜딩기어를 올린 상태에서 유압 시스템이 고장 난 경우에는 착륙 장치 조작레버 아래에 있는 버튼을 누르면 잠금 장치가 해제되고 덮개가 열려서 랜딩기어는 자체의 중량으로 내려간 후, 내려진 위치에서 잠금 장치가 걸려(down locking) 안전하게 착륙할 수 있게 설계 · 제작하였다.

F-35A와 F-35C의 뒷부분 동체 아랫면 중앙에 제어용 갈고리를 설치하였다. 브레이크가 고장 난 상태로 착륙할 때 활주로에 설치해둔 제어용 와이어(arresting cable)를 이 갈고리로 걸어서 강제로 제동한다. F-35C는 함상 운용을 할 때 이 갈고리를 사용해서 제동한다. 항공모

함의 갑판 뒷부분에는 일반적으로 4개의 착함용 와이어가 설치되어 그 중 하나를 갈고리에 걸리게 함으로써 갑판 위에 정지케 한다. 비행장보다 짧은 거리에서 정지해야 하기 때문에 와이어가 당기는 힘이 큰데, F-35C의 갈고리는 그 힘을 견딜 수 있도록 F-35A의 갈고리보다 튼튼하다. 또한, 세 형태 모두 갈고리를 커버로 덮어 동체 아랫면에 내장하여 쓸모없는 돌출부가 생기지 않게 하였다. 갈고리는 착륙장치레버 위에 있는 버튼을 누르면 내려간다.

F-35B는 엔진 배기구가 변향식이고, 아래쪽을 향할 때에는 뒷부분 동체 좌우의 덮개가 열린다. 이 때문에 제동 갈고리를 장착하는 장소가 없다. 기본적으로 F-35B는 수직착륙을 하기 때문에 이런 갈고리가 필요 없다.

왼쪽 사진은 AA-1의 주랜딩기어이다. 앞쪽으로 들어 올려 주날개 부착 부위 내에 수납한다. 오른쪽 사진은 F-35C의 전방 랜딩기어이며, F-35C만 바퀴가 이중으로 되어 있다. 또한, 캐터펄트 발진 바도 장착되었다. (사진 제공 : 두 사진 모두 록히드 마틴)

엔진 공기 흡입구

F-35의 공기 흡입구도 F-22와 마찬가지로 동체 좌우에 있다. F-35는 단발기이므로 Y자형 덕트를 사용해서 공기를 엔진으로 유도한다. 따라서 공기 흡입구에서는 엔진의 팬이 완전히 가려져 보이지 않고, 엔진에서 레이더 반사파가 나오는 것이 억제된다. F-35에는 마하 2.5의 고속 비행 성능을 요구하지 않았기 때문에 공기 흡입구는 고정식으로 설계했다. 이 점은 최대 속도가 마하 2.25인 F-22와 동일하지만, F-22 등 많은 기종에서 볼 수 있는 공기 흡입구와 동체 사이의 작은 틈이 F-35에는 없다. 전투기가 초음속 비행을 하면 충격파가 발생하고, 그런 공기 흐름을 엔진이 흡수하면 엔진이 정지하는 사태가 일어난다. 그래서 경계층의 공기 흐름을 피해 엔진에 안정된 공기를 공급할 수 있도록 이런 틈을 두도록 설계했던 것이다.

F-35에서도 고속 비행 시에 충격파가 발생하는 것은 마찬가지이지만, F-35에서는 흡입구의 동체 쪽에 돌출부를 설치함으로써 공기 흡입구로 들어오는 공기 흐름을 제어하고, 엔진이 충격파의 영향을 받지 않도록 했다. 이런 공기 흡입구는 공기 흐름을 휘게 하는 장치(diverter)가 없다는 뜻에서 다이버터리스 초음속 공기 흡입구(diverterless supersonic inlet, DSI)라고 하며, 수치유체역학(computational fluid dynamics, CFD)을 활용한 설계로 실용화할 수 있었다. 록히드 마틴에서는 우선 F-16을 사용해서 공기 흡입구를 DSI형으로 개조한 후 1996년 12월 11일부터 비행시험을 실시했다. 애프터버너 비행을 포함한 12회의 비행시험 결과, 이 공기 흡입구를 사용해도 F-16 본연의 비행성능에 전혀 영향을 끼치지 않는다는 점이 확인되어, JSF에 이 공기 흡입구를 사용하기로 했다.

DSI는 돌출된 형상으로 설계해야 하는 등 어려운 면도 있지만, 많은 장점도 있다. 첫 번째 장점은 공기 흡입구 자체가 매우 간소하다는 점이다. 예를 들어, 전체 부품 개수는 겨우 약 300개이다. 이 점은 제작에 드는 시간과 비용을 줄일 수 있고 정비효율도 향상한다. 두 번째 장점은 틈이 없어진다는 점이다(반면에, F-16에서는 공기 흡입구와 동체 사이에 8.4cm의 틈이 있다). 이렇게 하면 기체 라인을 부드럽게 유지할 수 있어, 스텔스성 확보에 도움이 된다. 유일한 문제점은 마하 2를 넘는 고속에 적합하지 않다는 점인데, F-35에는 마하 1.6 정도의 최대 속도만 요구되었기 때문에 DSI를 장착할 수 있었다.

F-35의 공기 흡입구는 고정식이고, 틈이 없는 다이버터리스형이다. 개구부에서는 엔진이 전혀 보이지 않는다. 왼쪽 사진은 다이버터리스 초고속 공기 흡입구를 시험하려고 개조한 F-16이다.

(사진 제공 : 두 사진 모두 록히드 마틴)

F135 엔진

현재 F-35에 장착한 엔진은 프랫 & 휘트니에서 개발한 F135 애프터버너 터보팬이다. 이 엔진은 프랫 & 휘트니가 F-22용으로 개발해서 채용한 F119 엔진을 토대로 만든 것으로, 당초에는 JSF119로 불렸지만 SDD 작업으로 나아갈 때 F135라는 명칭으로 변경하였다. F135의 전장은 5.59m, 최대 지름은 1.30m이다. 팬의 지름은 F119보다 7.6cm 크다. 압축기는 저압 3단과 고압 6단이며, 연소장치는 애뉼러형 연소실을 사용한다. 그 뒤쪽으로 이어지는 터빈은 고압 1단과 저압 2단이다. 이 엔진 구성은 F-35의 각 형태별로 차이가 없다. 다만, 세부적인 명칭은 각각 다르다. F-35A용은 F135-PW-100, F-35B용은 F135-PW-600, F-35C용은 F135-PW-400이라고 부른다. F135-PW-100과 F135-PW-400의 차이는 기본적으로 사용연료(해군은 발화점이 높은 제트 연료를 사용한다)의 차이뿐이지만, F135-PW-600은 STOVL용이므로 몇 가지 차이가 더 있다. 이에 관해서는 100쪽에서 설명하겠다.

최대 추력은 애프터버너를 사용할 때에 40,000lb(178kN), 애프터버너를 사용하지 않는 드라이 시에도 25,000lb(111kN)이다. 애프터버너 사용 시의 최대 추력은 F-22에 사용되는 F119보다 약 14% 크고, 드라이 시 최대 추력은 F-16C/D에 사용되는 F100-PW-229의 애프터버터 사용 시 추력보다 약 13% 적을 뿐이다. F135가 얼마나 강력한 엔진인지 쉽게 알 수 있다.

F-35의 기체에 알맞은 크기로 이런 큰 추력을 실현하기 위해 F135 엔진에는 몇 가지 신기술을 채택했다. 예를 들어, 고압압축기는 블레이드와 로터디스크를 하나의 부품으로 제작하는 일체형 블레이드 로터

(integrally bladed rotor, IBR)이다. 각 단의 압축기를 각각 하나의 부품으로 제작한 후 합쳐서 압축 효율을 높인다.

F135는 SDD 작업에서 2002년 5월에 초기설계심사를 통과하고, 2003년 5월에 상세설계심사를 통과했다. 2003년 중반에는 시험용 엔진을 제작하기 시작했다. 2003년 10월에는 CTOL/CV용 엔진을 시운전했고, 2004년 4월에는 STOVL용 엔진을 시운전했다. 2005년 3월에는 3형태 모두 운전시험 후의 상세설계심사에 합격했다. F-35의 SDD에 탑재할 장착과 지상시험용 엔진 11대도 만들었다.

실내 시험장에서 풀 애프터버너 추력시험을 하고 있는 F-35A용 F135-PW-100 엔진. 단발기용 엔진이므로 애프터버너 추력, 드라이 추력 모두가 F-22용 F119보다 크다.
(사진 제공 : 프랫 & 휘트니)

F-35B의 STOVL 추진 시스템(1)

앞에서 설명했듯이 STOVL F-35B의 엔진은 F135-PW-600이며, 다른 형과는 몇 가지 차이점이 있다. 가장 큰 차이점은 배기구이다. F135-PW-600의 배기구는 3베어링 회전식이고, 배기구를 뒤에서부터 아래까지 움직임으로써 엔진배기의 방향을 바꿀 수 있다. 이 가동식 배기구를 도입함으로써 애프터버너 노즐도 그 구조가 달라진다. 코어엔진의 좌우에 롤 제어용 덕트를 연장하여, 주날개 외익부 아랫면에 노즐을 달았다. 엔진에 뽑아낸 고압의 공기흐름을 사용해서 호버링이나 수직착륙을 할 때 롤 조종을 하기 위한 것이다. 그리고 엔진 자체의 최대 추력은 다른 형태와 차이가 없는데, 노즐의 각도를 조정하여 STOVL로 운용을 할 때에는 애프터버너를 사용할 수 없고 드라이 최대 추력도 80.0kN으로 제한된다.

또한 F135-PW-600 엔진에 사용하는 소재도 일부가 다르다. 팬덕트를 비롯한 엔진 케이싱에는 세라믹 기반의 복합재료(ceramic matrix composites, CMC)를 사용한다. 엔진 자체를 경량화하려는 목적으로 사용한다. F-35B는 항공기 자체를 최대한 경량화해야 하기 때문에 CMC를 사용하는 것이다. 물론 F-35A/C의 엔진에도 이를 적용하면 중량을 가볍게 할 수 있다. 그러나 CMC는 매우 고가의 소재이므로, F-35A/C에서는 들이는 비용에 비해 얻을 수 있는 중량 삭감 효과가 매우 적다. 따라서 F-35A/C에서는 일반적인 티타늄 소재로도 충분한 비용 대비 효과를 얻을 수 있다. 이런 관점에서 CMC는 F-35B 엔진에만 사용한다.

또한 앞에서 설명했듯이, F-35의 F135 엔진은 어떤 형이든 저압터빈이 2단이다. 프랫 & 휘트니에 따르면, F-35A/C용 엔진은 저압터빈도 고압터빈과 마찬가지로 1단만으로도 충분하지만, F-35B용 엔진은 아무래도 2단으로 할 수밖에 없다고 한다. 이 부분을 3가지 형태의 항공기에서 제각기 사용하면 메커니즘과 제작의 공통화를 꾀할 수 없어 비용도 높아지기 때문에 모두를 2단으로 통일했다. 그 결과, 프랫 & 휘트니는 F-35A/C의 저압터빈에서 매우 큰 여유를 갖게 되었다.

또한, F135-PW-600은 엔진 축을 사용해서 리프트 팬을 구동하는 독자적인 시스템을 사용한다.

변향식 배기구를 아래로 향해서 호버링하는 F-35B. 동체 윗면의 리프트 팬용 공기 흡입구, 그 뒤쪽에 있는 보조 공기 흡입구, 전방 랜딩기어 뒤쪽의 리프트 팬 공기 흡입구 덮개, 안쪽 무장창 덮개, 주날개 아래의 롤 포스트용 덮개 등이 모두 열려 있다. (사진 제공 : 록히드 마틴)

F-35B의 STOVL 추진 시스템(2)

F-35B는 가동식 노즐과 더불어, 하향 제트기류로 양력을 생성하는 리프트 팬을 조종석 바로 뒤에 장착함으로써 STOVL 운용을 할 수 있다. 2단으로 구성된 리프트 팬을, 엔진 축의 회전력으로 기어를 통하여 회전시킨다. 또한, STOVL 운용을 하지 않을 때에는 클러치를 끊어 팬을 회전하지 않게 한다. 그리고 이 팬은 지면에 대해 수평으로 고정된 모양으로 설치하였기 때문에 제트기류는 아래쪽으로만 뿜어져 나온다. 팬 유닛의 아래쪽에는 가변 면적식 분출구가 있다. 여기에서 제트기류의 강도를 조절할 수 있다. 윗면 동체에는 개폐식 덮개가 있는데, 팬을 작동하면 덮개가 열려 하향 제트기류를 만들어낸다. X-35는 이 덮개가 중앙에서 좌우로 나뉘어 있었지만, F-35는 뒤쪽에 경첩이 달린 방식으로 일체화하였다. 이는 기구를 간소화하고 기체의 중량을 조금이라도 줄이기 위한 조치였다. 그 리프트 팬 덮개의 뒤쪽에 있는 엔진용 보조 공기 흡입구는 좌우 분할식이며, 팬을 사용하면 열린다.

전용 리프트 팬은 특별한 때에만 사용하기 때문에, 이를 장착하면 항공기의 중량이 늘어나는 단점이 있다. 한편, 뒷부분에서 가동식 노즐로 하향추력을 생성한 경우, 리프트 팬을 사용하면 앞쪽에서도 동일한 추력을 낼 수 있기 때문에 기체 자세를 안정화하기가 쉽다. 또한, 리프트 팬에서 분출되는 공기 흐름은 저온이고 이것이 뒤쪽 엔진 배기를 차단하기 때문에, 엔진이 뜨거운 공기를 흡입해서 효율을 저하하는 일도 피할 수 있다. 록히드 마틴은 이런 장단점을 비교한 후 리프트 팬 방식을 채용했다. 그리고 STOVL 운용 시의 엔진 최대 추력은 앞항에서 설명했듯이 80.0kN이다. 그런데 리프트 팬도 하향으로 84kN의 추력을 생성하고 롤 제어용 덕트에서는 합계 16.5kN의 하향추력을 얻을 수 있기 때문에, 최대 하향추력은 총 180.5kN이 된다. 이 크기는 F-35에 요구된 173.5kN을 여유 있게 넘긴다. 또한, 포트워스 공장의 호버 핏(호버링 실험 시설)에서 시험한 결과, 182.4kN의 최대 하향추력을 내는 데 성공했다.

F-35B 추진 시스템의 실물 크기 모형. 엔진의 앞쪽에 축 구동식 리프트 팬이 있고, 엔진 본체 좌우에서 롤 포스트용 노즐이 나와 있다. (사진 : 아오키 요시토모)

F136 엔진

F-35는 F135 외의 엔진도 장착할 수 있다. 제너럴 일렉트릭과 롤스로이스가 공동으로 개발한 F136 애프터버너 터보팬이 F-35에서 사용할 수 있는 엔진이다. F136의 추력은 F135와 동일하다. 애프터버너를 사용할 때의 최대 추력이 178kN급이고, 드라이 시의 최대 추력이 111kN급이다. 그리고 STOVL 운용 시의 최대 추력은 80.0kN이다. 이처럼 하나의 기종이 엔진을 장착하는 것이 가능하면 운용하는 측에서는 용도에 맞게 여러 엔진을 선택할 수 있고, 엔진에 중대한 문제가 발생했을 때에도 대체엔진을 선택할 수 있는 폭이 생긴다. 미국 공군에서는 현재 약 1,010대를 보유한 F-16C/D도 프랫 & 휘트니 F100과 제너럴 일렉트릭 F110을 모두 사용한다. 항공기 수가 많아지면 그만큼 엔진 문제도 많이 발생하므로, F-35에도 동일한 방식을 채용하는 것이 당연한 일이다. 미국 공군의 F-16C/D에서는 두 회사 엔진의 장착 비율이 처음에는 거의 50:50이었다. 엔진 선택제를 도입한 후로는 F110 엔진이 약 65%를 차지한다.

F136은 미국 공군의 발달형전술전투기(ATF) 계획용으로 개발된 엔진이며, 프랫 & 휘트니 F119에 패배한 YF120 엔진을 토대로 만들었다. YF120은 터보팬이지만, 초음속 비행을 할 때에는 터보제트로 기능하는 가변사이클 방식을 채용한 엔진이었다. 터보팬은 저속으로 비행을 할 때에는 뛰어난 연비와 효율을 발휘하지만, 고속으로 비행할 때에는 흡입한 모든 공기를 엔진에서 활용하는 터보제트가 효율적이다. 따라서 YF120은 양쪽의 장점을 모두 갖춘 엔진으로 만들었다. 그러나 구조가 복잡해지고 고속으로 비행할 때 큰 효과가 없었기 때문에 F119에 패배하고 말았다. F136은 이런 가변사이클 방식을 버리고 평범한 터보

팬으로 만들었다.

F136은 2004년 7월에 운전시험을 시작하여 현재도 계속 중인데, 개발이 끝날 때까지 시간이 더 걸릴 것으로 보인다. 양산이 시작되는 때는 빨라도 2011 회계연도일 것이고, 그대로 진행되면 F-35의 양산 로트 6 이후에 장착될 것으로 보인다. 그리고 STOVL용 가동식엔진노즐과 리프트 팬 시스템 등은 F135에 사용되는 것을 그대로 도입해서 동일한 기능을 발휘케 할 것이다.

F-35에서는 여러 엔진을 공급하려는 계획이 세워져, 제너럴 일렉트릭과 롤스로이스가 공동으로 F136 엔진을 개발했다. 왼쪽 사진은 STOVL용 F136 엔진이며, 오른쪽 사진은 실외 테스트 스탠드에 설치된 STOVL용 F136이다.

(사진 제공 : 두 사진 모두 제너럴 일렉트릭 (http://www.jsf.mil) 홈페이지에서 발췌)

COLUMN

CAT 버드

F-35에 장착하는 레이더 등의 전자기기를 개발하는 데에는 전용 비행시험기도 사용된다. 보잉 737-300을 개조한 CAT 버드 비행시험기. 기수에는 F-35와 동일한 레이돔을 장착했다. 앞부분 동체에는 주날개 전연을 모방한 고정날개 면이 있고, 그곳에 F-35용 탑재전자기기를 장착함으로써 실제 비행 상태와 동일한 환경에서 개발시험을 실시할 수 있다. 기내에는 20개의 엔지니어용 스테이션이 설치되었고, 기내 전방 오른쪽에는 F-35의 조종석도 갖추었다. 이로써 시험 중 각종 센서에서 수집한 정보를 F-35의 실제 조종석과 마찬가지로 표시할 수 있어서 조종석 개발에도 도움이 된다.

보잉 737-300을 개조한 CAT 버드. F-35가 장착하는 전자기기의 비행시험에 사용된다.

(사진 제공 : 록히드 마틴)

제4장

F-35의 무장

F-35는 본격적인 다용도 전투기로서 각종 무장을 장착할 수 있도록 설계했다. F-35를 도입하는 각국이 독자적으로 개발한 무기도 운용할 수 있다. 여기에서는 F-35가 운용할 수 있는 주요 미국제 무기를 설명한다.

F-35 LIGHTNING II

무장창과 장착 스테이션

F-35는 F-22와 마찬가지로 무장을 장착해도 스텔스성이 줄어들지 않도록 하기 위해 동체 중앙 아랫부분에 무장창을 설치했다. 무장창은 좌우로 나뉜 2개의 덮개로 덮여 있다. 또한 동체가 소형이기 때문에 무장창은 뒤쪽 간격을 넓힌 '八'자 모양으로 배치했다. F-35는 다용도 전투기이므로 많은 무기를 장착해야 하는 경우도 있다. 따라서 주날개 아래에도 한쪽에 3군데씩 외부 스테이션이 마련되어 있다. 동체 중심선 아래에도 스테이션이 1군데 있다. 무장창 내에는 1곳당 2군데의 스테이션이 있으므로, F-35의 장착 스테이션은 전부 11개이다. 왼쪽 주날개 외익부 아래쪽이 Sta.(스테이션) 1, 동체 중심선 아래쪽이 Sta. 6, 오른쪽 주날개 외익부 아래쪽이 Sta. 11이다. 또한, 각 스테이션의 최대 장착 가능 중량은 아래와 같다.

- Sta. 1/11(주날개 아래 바깥쪽) : 300파운드(136kg)
- Sta. 2/10(주날개 아래 가운데) : 2,500파운드(1,134kg)
- Sta. 3/9(주날개 아래 안쪽) : 5,000파운드(2,268kg)
- Sta. 4/8(무장창 바깥쪽) : 2,500파운드(1,134kg)
- Sta. 5/7(무장창 안쪽) : 350파운드(159kg)
- Sta. 6(동체 중심선 아래쪽) : 1,000파운드(454kg)

그리고 STOVL형 F-35B에서는 Sta. 2/10과 Sta. 4/8의 최대 중량이 1,500파운드(680kg)로 제한된다. 또한, 장착 가능 중량이 적은 Sta. 1/11과 Sta. 5/7은 공대공 미사일 전용 스테이션이며, 그 외의 스테이션은 공대공과 공대지 무기를 모두 장착할 수 있다. Sta. 3/9에는 투기 가능한 보조연료탱크(drop tank)도 장착할 수 있다.

무장창의 스테이션은 현재 천장 부위와 안쪽 덮개 경첩 부위에 설치하여, 각 1발의 무기를 장착할 수 있다. 현시점에서는 천장 부위의 스테이션에 2,000파운드(907kg)까지의 합동정밀직격탄(joint direct attack munition, JDAM)을 장착하고, 안쪽 덮개 경첩 부위의 스테이션에는 AIM-120C AMRAAM 1발을 장착하는 것이 표준장착방식이다. 물론 폭탄은 크기만 맞는다면 어떤 종류든 장착할 수 있다. 한편, 공대공 미사일은 현시점에서 AMRAAM만을 운용할 수 있다. 하지만 무장창에 더 많은 종류의 무장을 장착할 수 있도록 연구를 진행하고 있기 때문에 앞으로 더욱 개량한 무장창을 운용할 예정이다(148쪽 참조).

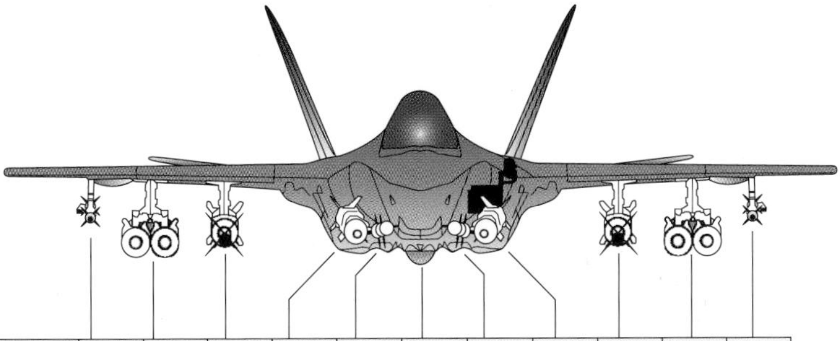

스테이션 번호	11	10	9	8	7	6	5	4	3	2	1

F-35는 동체 내 무장창 외에도, 외부에 무장을 장착할 수 있는 스테이션이 있다. 스테이션의 총 개수는 11군데이다. 오른쪽 사진은 무장창 덮개를 연 AA-1이며, GBU-31 2,000파운드(907kg) JADM과 AIM-120C 모의탄이 장착되어 있다.

(사진 제공 : 록히드 마틴)

공대공 미사일(1) : AIM-9X

AIM-9 사이드와인더는 미국에서 개발한 서방측의 표준적인 단사정(WVR)용 적외선 유도방식의 공대공 미사일이다. 이 미사일의 최신형이 AIM-9X이다. 지금까지의 AIM-9 시리즈와 가장 크게 다른 점은 유도 방식으로 영상적외선(imaging infrared, IIR)을 도입한 점과, 미사일 본체의 가장 뒷부분에 제어액추에이션 시스템(control actuation system, CAS) 및 제트베인제어(jet vane control, JVC) 장치를 장착했다는 점이다. 이로써 유도장치의 감지부(seager)가 직접 포착하지 못하는(오프 보어사이트) 위치에 있는 표적을 공격할 수도 있다. 또한, IIR 시커는 최신의 스털링식 포컬 플레인 어레이(focal plane array)를 사용하여 감도를 높였다. 그리고 이 시커는 클러터를 제거하는 기능과 적외선 방해책(infrared countermeasures, IRCM)에 대항력을 높여 탐지한 표적을 항상 추적할 수 있도록 하였다. 아울러 추진부에 CAS/JVC를 장착함으로써 운동성을 대폭 높였으며, 조종면을 작게 만들어 미사일 자체의 공기 저항을 줄였다. 이렇게 함으로서 최대 사정거리도 연장하였다. 이전 형태의 AIM-9L/M의 사정거리가 약 18km였던 데 비해 AIM-9X의 사정거리는 약 37km가 되었다.

AIM-9X는 전자기기의 소프트웨어, 미사일 배터리, CAS/JVC 커넥터, 점화 안전장치 등을 개량하였고, 신관도 DSU-36에서 DSU-41B 발달형신관으로 변경했다. 그리고 무선 데이터 링크를 장착한 개량형 블록Ⅱ도 개발하였다. 형상은 블록Ⅰ AIM-9X와 전혀 다르지 않다. 블록Ⅱ는 데이터 링크를 장착함으로써 미사일을 발사한 후에도 발사기가 표적에 관한 업데이트 정보를 보낼 수 있다. 그래서 발사 후에 표적을 보충해서 지시하는 발사 후 추적(lock on after launch, LOAL) 방법도 사용할 수 있어서 미사일의 운용능력과 명중정밀도를 높였다.

AIM-9X는 2003년 11월에 미국 공군에서, 2004년 2월에 미국 해군에서 실용화하였다. 또한, 발전형인 블록Ⅱ도 2010년 6월에 계약을 맺어 2012년 이후에는 모든 생산이 블록Ⅱ로 바뀔 예정이다. F-35는 현 시점에서 AIM-9X를 좌우 주날개 아래의 가장 바깥쪽 스테이션에 각 1발씩 장착한다. 또한, 현재는 동체 내 무장창에는 장착할 수 없지만, 앞으로 무장창에도 장착할 수 있도록 할 방침이다.

F-15의 주날개 아래에 장착한 AIM-9X 사이드와인더. 가장 뒷부분에 CAS/JVC를 갖추고 운동성을 향상하여, 오프 보어사이트 표적을 공격하는 능력까지 지녔다. 또한, 센서 감도를 높였고, 적외선 방해책에 대한 대항력도 키웠다. (사진 제공 : 미국 공군)

공대공 미사일(2) : AIM-120C

AIM-120 발달형 중사정 공대공 미사일(advanced medium range air-to-air missile, AMRAAM)은 능동형 레이더 유도 방식을 사용한 미사일이다. 미사일에 완전한 레이더가 장착되어 있으므로 사격 전에 발사기가 레이더로 표적을 포착해서 그 데이터를 미사일의 유도장치로 전달하면, 발사 후에 미사일이 내장된 레이더를 사용해서 스스로 표적을 추적한다. 따라서 발사 후에 미사일을 계속 유도할 필요가 없다. 이런 미사일을 능동형 미사일이라고 한다.

AIM-120은 AIM-120A, AIM-120B를 거쳐 AIM-120C로 발전했다. AIM-120C는 핀(fin)의 끝 부분이 잘려 있는데, 이는 F-22의 무장창에 6발을 수용할 수 있도록 하기 위한 조치이며, 미사일의 성능에는 아무런 영향이 없다. AIM-120C도 단계적으로 꾸준히 개량 · 발전되고 있다. 탄두의 위력을 증강하고, 전자방해에 대한 대항력을 강화하고, 표적탐지장치를 업그레이드하였다. 현재는 AIM-120C-7형이 최신형이다. AIM-120C-7은 새로운 레이더 안테나를 장착했고, 전자기기를 개량했으며, 새로운 관성유닛을 장착했다. 또한 표적탐지기능을 강화했고, 유연성을 높인 데이터 링크도 장착했다.

미군이 AIM-120을 실용화한 때는 1991년 9월이고, AIM-120C(초기형인 AIM-120C-1)를 도입한 때는 1996년이다. 2006년 초부터는 AIM-120C-7을 일선에 배치하기 시작했다. 현재의 F-35는 동체 내의 좌우 무장창에 AIM-120C를 각 1발 장착할 수 있다. 공중전에서 높은 스텔스성을 유지해서 먼저발견, 먼저공격, 먼저격파하고자 하는 경우에는 무장창 내에 AMRAAM을 장착하고 출격하게 된다. 또한, 현재 연구 진행 중인 F-35의 완전작전능력형인 블록Ⅲ에서는 무장창 내에 4발을 장착하려는 계획을 세웠다. 아울러, 스텔스성이 중시되지 않는 공대공 전투 임무를 수행할 때에는 주날개 아래의 각 스테이션에 AMRAAM을 장착할 수도 있다. 이로써 블록Ⅲ는 최대 8발의 AMRAAM을 장착할 수 있게 되고, 더욱 발전되면 최대 12발을 장착할 수도 있다. 그 외에도 동체 무장창 안의 장착 수량을 6발로 늘리려는 연구도 진행 중이다. 이것이 실현되면 무장창에 장착할 수 있는 AMRAAM의 수는 F-22와 동일해진다.

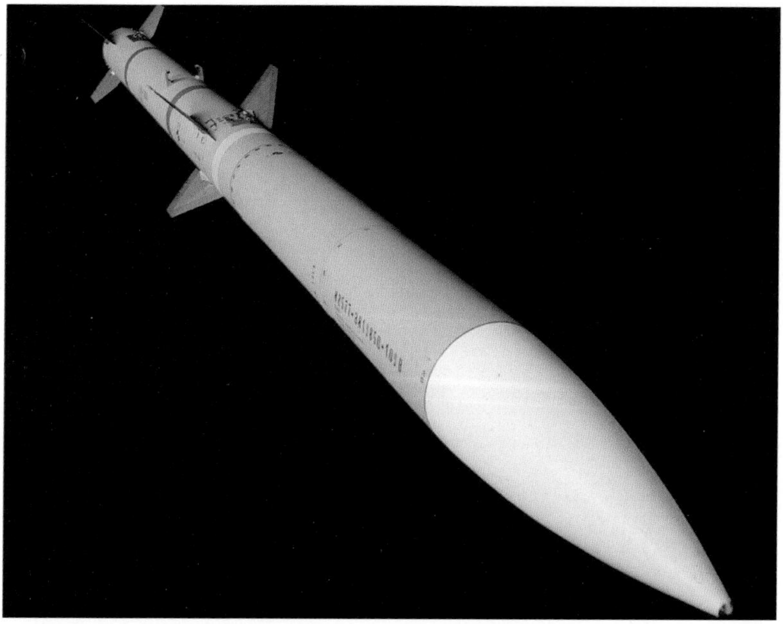

AIM-120 AMRAAM의 최신형 AIM-120C. C형은 F-22의 동체 내 무장창에 6발을 수용할 수 있도록 하기 위해 핀의 끝 부분을 잘랐다. (사진 제공 : 레이시언)

공대지 미사일(1) : AGM-65

AGM-65 메버릭은 1960년대 후반에 개발을 시작하여, 1972년에 배비하기 시작한 공대지 미사일이다. 최초의 실용형은 텔레비전 유도 방식을 사용했지만, 그 후 각종 유도 방식을 도입하여 광범위한 공대지 미사일 패밀리를 구성하고 있다.

탄체는 두꺼운 원통형이다. 탄체의 약간 앞쪽에서부터 본체 뒷부분에 걸쳐 시위가 길고 전연 후퇴각이 가파른 안정용 델타형 날개가 4개 달려 있다. 그 뒤쪽에 직사각형의 전동식 핀이 4개 달려 있다. 끝 부분에 유도용 시커(seeker)를 갖추고, 가장 뒷부분에 추진용 고체 연료 로켓 모터가 있다. 이런 기본적인 구성은 모든 형태에 공통적이다.

각각의 형상은 다음과 같다.

- AGM-65A/B : 처음으로 실용화된 메버릭으로, 텔레비전 유도 방식을 사용한다. B형에서는 표적 영상의 확대 기능이 추가되었다. 공군용이며, 최대 사정거리는 3km이다.
- AGM-65D : 1983년에 실용화된 공군용 영상 적외선 유도 방식이며, 최대 사정거리는 20km로 늘어났다.
- AGM-65E : 1985년에 실용화된 해병대용 반능동 레이저 유도 방식이며, 처음으로 대형의 탄두가 도입되었다. 최대 사정거리는 20km(낮은 고도에서 발사할 때는 12km)이다.
- AGM-65F : D형과 동일한 영상 적외선 유도 방식이지만, 특히 함선 표적에 최적화되도록 조정되었다. 해군용이며, 1989년에 실용화되었고, 최대 사정거리는 25km이다.
- AGM-65G : D형의 유도 소프트웨어를 개량한 것이다. 공군용이며, 최대 사정

거리는 25km이다. 유도 시스템의 정밀도를 높이고 소형 차량에 대한 유효성을 높인 개량형 AGM-65G2도 만들어졌다.

- AGM-65H : 텔레비전 시커 장착형으로, 시야가 좋지 않은 조건에서 표적 인식 거리를 늘릴 수 있다. 또한 2단계로 시야를 전환할 수 있다. 최대 사정거리는 25km(낮은 고도에서 발사할 때는 12km)이다.

F-35가 AGM-65를 운용할 때에는 무장창에 수납하지 않고 외부에 장착한다. 사용할 수 있는 스테이션은 중앙 및 안쪽의 좌우 각 2군데이다. 3연식 발사 장치를 사용하면 스테이션 1군데당 3발을 장착할 수 있지만, 스테이션의 간격이 좁기 때문에 실용상 최대 6발을 장착할 수 있을 것으로 보인다.

미국 공군, 해군, 해병대에서 운용하는 AGM-65 메버릭. 사진은 미국 해병대의 F/A-18C에 장착한 레이저 유도 방식 AGM-65E이다. (사진 제공 : 미국 해군)

공대지 미사일(2) : AGM-114

AGM-114 헬파이어 공대지 미사일은 AH-64 아파치용으로 개발한 대장갑미사일이다. 1985년에 반능동 레이저 유도 방식의 AGM-114A를 실용 배치하기 시작하였다. 큰 폭으로 개량 · 발전된 AH-64D 아파치 롱보우를 개발하면서, 헬파이어도 능력을 향상하여 헬파이어Ⅱ를 만들었다. 헬파이어Ⅱ는 우선 AGM-114K형과 AGM-114L형을 만들었다. 미국 육군은 1997년부터 2세대 헬파이어를 운용하기 시작하였다. 그리고 헬파이어Ⅱ는 사정거리도 연장하기를 고려하였지만, 운용상 필요성이 없다고 판단하여 최대 사정거리는 8km에 그친다.

AGM-114K는 초기형 헬파이어와 동일한 반능동 레이저 유도 방식인데, 시커의 전자광학적 방해책에 대한 대응력을 높였고, 디지털식 자동 조종/유도 전자기기, 2중 탄두, 무연추진제(smokeless motor) 등을 장착해서 파괴력을 강화하는 동시에 전천후 운용 능력을 향상했다.

AGM-114L은 AH-64D가 장착하는 AN/APG-78 롱보우 레이더와 조합해서 운용하는 능동식 밀리미터파 레이더를 유도장치로 사용한다. 이로써 이동 중 혹은 정지해 있는 지상의 장갑 · 트럭 차량이나 방공부대(air defense unit, ADU)에 대한 공격력을 키우고, 네트워크로 위장해서 광학유도장치로는 조준이 곤란한 표적이나 전투지의 연기로 덮인 표적에 대해서도 매우 높은 명중률을 얻을 수 있게 되었다(역자주: 북스힐의 『AH-64D 롱보우 헬리콥터』 참조).

또한 헬파이어Ⅱ는, AGM-114L의 탄두를 변경해서 함선 등의 공격도 가능하게 만든 AGM-114M, 동일하게 탄두 변경을 해서 비장갑 표적용으로 만든 AGM-114N, 무인기 장착형인 AGM-114P/R도 만들었다. F-35는 이런 각종 헬파이어Ⅱ를 장착할 수는 있지만, 오늘날에는 고정익항공기에서 운용하는 브림스톤이나 그 후속 합동 공대지 미사일(joint air-to-ground missile, JAGM, 118쪽 참조)이 개발되었기 때문에, 헬파이어Ⅱ를 운용할 가능성은 낮다. 이런 각종 미사일은 크기와 발사장치도 표준화하여, 동체 내 무장창과 주날개 아래에 장착할 수 있게 하였다. 장착 가능한 수량은 발표하지 않았지만, 동체 내 무장창에 2~4발, 주날개 아래에 적어도 6발을 장착할 수 있을 것으로 보인다.

AH-64D 아파치 롱보우에 장착한 AGM-114 헬파이어. 사진은 레이더 유도 방식 AGM-114L이며, 이 외에 레이저 유도 방식도 있다. (사진 제공 : 보잉)

공대지 미사일(3) : JAGM

합동 공대지 미사일(JAGM) 개발계획은 2007년 6월에 시작한 미국 육군과 해군의 공동 프로젝트이며, 현용 BGM-71 TOW, AGM-114 헬파이어, AGM-65 메버릭 등 단사정 공대지 미사일의 후속 무기 개발계획이다. 각 회사에서 제출한 안을 심사한 후, 2008년 9월에 록히드 마틴과 레이시언/보잉 팀과 기술개발 계약을 맺고 경쟁에 들어갔다.

현재 JAGM에 요구한 기본적인 성능은 중량이 약 50kg이고, 지름이 17.8cm이며, 길이는 1.78m이다. 이는 밀리미터파 레이더로 유도하는 AGM-114L 헬파이어Ⅱ와 동일한 크기이다. 한편, 요구하는 최대 사정거리는 헬리콥터에서 발사할 때 16km, 고정익기에서 발사할 때 28km이다. 헬리콥터에서 발사할 때에는 헬파이어보다 2배 긴 사정거리를 요구하고, 고정익기에서 발사할 때에는 메버릭보다 약간 긴 사정거리를 요구하는 셈이다.

JAGM에서는 유도용 시커에 트라이모드(tri-mode)라는 시스템이 장착될 예정이다. 이는 포컬 플레인 어레이식의 영상 적외선(IIR) 시커, 반능동 레이저 시커, 밀리미터파 레이더 시커 등 3종류를 한덩어리로 묶은 것이다. 이 시스템은 전장 상황이나 표적의 특성에 따라 최적의 시커를 사용하거나, 각 시커가 단점을 서로 보완함으로써 사용할 수 있는 조건을 확대하는 동시에 명중정밀도를 높일 수 있다. 또한, F-35 같은 고정익기에 장착하는 경우에는 발사 후에 표적 정보를 업데이트하기 위한 데이터 링크 장치를 장착해야 한다. 장착하고자 할 때에는 헬파이어의 발사장치를 그대로 사용할 수 있어야 한다는 조건이다. 따라서 록히드 마틴은 헬파이어의 탄체를 거의 그대로 사용했고, 레이시언/보잉 팀도 헬파이어와 동일한 브림스톤의 탄체 프레임을 활용해서 개발했다.

JAGM은 2010년 중에 개발을 담당할 회사를 선정할 예정이었는데, 일정이 늦어지면서 아직 확정하지 않았다. 앞으로 담당할 회사를 선정하고 개발작업이 순조롭게 진행되면, 2015 회계연도부터 양산을 시작하여 2016 회계연도 말에는 실전 배치할 수 있을 것이다. 그 후에 F-35B/C에도 장착할 수 있도록 작업을 진행할 작정이다.

새로운 단사정 공대지 미사일로 경쟁개발을 진행하고 있는 JAGM. 위쪽 사진은 록히드 마틴의 상상도이고, 아래쪽 사진은 레이시언/보잉 팀의 상상도이다. AGM -114 헬파이어의 발사장치를 그대로 사용할 수 있다.
(사진 제공 : 록히드 마틴-위쪽, 레이시언-아래쪽)

공대지 미사일(4) : AGM-88A/B/C/D/E

AGM-88은 적 방공망 제압(suppression of enemy air defenses, SEAD)/적 방공망 파괴(destroy of enemy air defenses)용 대 레이더 미사일이다. 표적이 되는 방공용 레이더가 발신하는 전파를 포착해서 그 발신원을 향하는 수동형 레이더 유도 방식의 미사일이다. 발사 방식은 미사일 자체의 수동식 레이더가 표적을 포착하는 방식과, 장착기가 발사 전에 레이더로 표적을 지시하는 방식이 있다. 그리고 표적을 포착하지 않은 상태에서 발사하는 방법도 있다. 이런 방식으로는 미사일에 표적 위치를 사전에 기억시켜 두거나, 발사 후에 발사기가 표적을 지정하는 방법으로 미사일이 표적을 향하도록 한다. 미사일의 본체는 AIM-7 스패로를 그대로 활용하고, 본체 중앙에는 2중 후퇴각이 달린 전동식 델타형 제어 핀이 4개 있으며, 가장 뒷부분에 4개의 고정식 안정 핀을 갖추었다. 발사되면 최대 속도 마하 2.9의 고속으로 날아가고, 최대 14G의 기동에 견뎌내는 강도를 지닌다.

첫 생산형인 AGM-88A는 1983년부터 운용하기 시작했고, 1980년대 말에는 정비 라인에서 소프트웨어를 신속히 교환할 수 있도록 만든 AGM-88B를 실용화하였다. 이어서 AGM-88C는 아군 레이더에 대한 오공격률을 줄이기 위해 소프트웨어를 개량했고, 방해전파 발신원으로 향하는 홈-온-잼(home-on-jam) 능력을 추가했으며, 대응할 수 있는 주파수 대역을 확장했다. 이 AGM-88C에 위성항법장치(GPS)와 관성측정유닛을 추가해서, 표적이 레이더 송신을 정지해도 표적의 좌표만 입력되어 있다면 계속 표적을 향하도록 만든 것이 AGM-88D

이다. AGM-88A~D의 모든 형태는 텍사스인스트루먼츠(현 레이시언)가 개발 · 제작했고, 고속 대전파원 미사일(high-speed anti-radiation missile, HARM)이라고 불린다.

AGM-88 시리즈의 최신형이 AGM-88E이다. HARM의 성능 향상 계획을 바탕으로 2003년에 개발하기 시작하였다. 각 제작사의 제안을 비교 심사한 후 2003년 6월에 얼라이언트 텍시스템스사를 선정했다. 명칭도 발달형 대전파원 미사일(advanced anti-radiation guided missile, AARGM)로 변경되었다. 이 AGM-88E에서는 복합 모드의 수동형/능동형 밀리미터파 레이더 시커를 장착하고, 콘트롤 소프트웨어를 업그레이드하고, 레이더 단면적을 줄였으며, 비행속도를 향상하였고, 사정거리를 연장하였다. 그리고 표적이 전파 발신을 멈추더라도 그 발신원을 계속 향하도록 하는 능력도 갖추었다. F-35의 경우, AGM-88을 수치상으로는 동체 내 무장창에 수용할 수 있지만, 실제 운용 시에는 일반적으로 주날개 아래에 장착한다.

고속 대 레이더 미사일 AGM-88의 최신형 AGM-88E AARGM. 시커를 복합모드로 만들어서 명중 정밀도를 높이고 전반적인 성능을 향상했다. (사진 : 아오키 요시토모)

공대지 미사일(5) : AGM-84E/H

맥도넬 더글러스가 개발한 AGM-84 하푼 공대함 미사일을 토대로, 표적으로부터 멀리 떨어져서(stand off) 발사할 수 있는(최대 사정거리 95km) 공대지 미사일로 만든 것이 AGM-84E 스탠드오프 지상공격 미사일(stand-off land attack missile, SLAM)이다. 1980년대 중반에 개발을 시작하여 1990년부터 배치하고, 1991년 1월 걸프전쟁에서 처음으로 실전에 사용하였다. 기본적인 형상은 AGM-84A와 동일하지만, 본체의 앞부분이 약간 연장되었다. 유도장치는 비행중간단계에서 관성항법장치(INS)와 위성항법장치(GPS)를 이용할 수 있게 하고, (AGM-62 월아이 공대지 미사일에서 사용하는) 데이터 링크 장치를 갖추어 발사기에서 표적에 관한 업데이트 정보를 수신할 수 있게 하였다. 최종단계에는 영상 적외선 시커(AGM-65D 메버릭에 사용되는)를 활용한다.

AGM-84E의 사정거리를 더욱 연장해서 최대 사정거리를 280km까지 늘린 개량형이 AGM-84H SLAM-ER이다. ER은 대항 확장(expanded response)을 의미하며, 이 미사일의 사정거리를 연장함으로써 SLAM의 운용범위를 확대하려는 목적을 드러낸다. 유도장치와 추진장치는 AGM-84E와 동일하지만, 끝 부분을 약간 잘라내고 평면을 조합해서 날카롭게 만들었다. 이는 순항 효율을 향상하고 스텔스성을 높이기 위한 조치이다. 그리고 본체의 거의 중앙 부위에는 접는 날개를 장착해서 활공 능력을 높였다. 중앙에 있던 안정용 핀은 제거하였다.

SLAM-ER의 대표적인 운용 패턴은 최대 사정거리 이내의 지점에서 미사일을 발사하고, 미사일이 GPS 신호를 위성에서 수신하는 동시에 INS를 병용해서 예정된 비행계획에 따라 경로상의 중간단계를 비행하도록 하는 것이다. GPS와 INS로 최대 7군데의 경유점을 설정할 수 있으므로, 미사일을 처음부터 직접 표적에 향하게 할 필요는 없다. 이로써 방어하는 쪽은 미사일을 탐지하기가 어려워진다. 또한, 데이터 링크 장치를 사용해서 도중에 비행경로를 바꿀 수도 있다. 표적까지 60초가 남은 지점에 도달하면 영상 적외선 시커가 작동한다. 발사기의 조작요원은 정지 화면 조준점 업데이트(stop motion aimpoint update, SMAU)를 사용해서 조준점을 선택하고, 데이터 링크 장치를 통해 그 정보를 미사일로 전달함으로써 미사일이 표적에 정확히 향하도록 할 수 있다.

SLAM/SLAM-ER은 대형 미사일이므로, F-35에서는 주날개 아래에 장착한다.

AGM-84H SLAM-ER. 하푼 공대함 미사일을 활용해서 장사정 지상 공격 미사일로 만든 AGM-84E를 더욱 개량하고, 펼침식 날개를 달아서 사정거리를 한층 연장했다. (사진: 아오키 요시토모)

공대지 미사일(6): AGM-158

1995년에 계획한 스탠드오프 공대지 미사일이다. 미국 공군과 해군이 함께 계획했기 때문에 합동 공대지 미사일(joint air-to-surface stand-off missile, JASSM)이라는 이름이 붙었다. 후에 해군이 계획을 포기해서 공군만 이 미사일을 채택했다. JASSM은 각을 둥글게 만든 삼각형 단면을 지닌 본체에 저익(low wing)의 펼침식 주날개를 갖추고, 꼬리부분에는 아랫부분 옆쪽에 작은 스트레이크를 달았다. 수직안정판도 펼침식이어서, 항공기에 장착할 때에는 왼쪽으로 접는다. 추진장치는 추력 3.0kN의 J402-CA-100 터보제트 엔진을 사용하며, 이 엔진으로 370km 이상의 거리를 비행할 수 있다. 탄두는 454kg의 WDU-42/B 관통탄두를 사용한다.

기본 유도장치는 위성항법장치(GPS)이며, 관성항법장치(INS)를 예비로 갖추고, 이들의 좌표 데이터로 중간경로를 비행한다. 물론 경유점을 설정해둘 수도 있고 데이터 링크 장치도 갖추고 있기 때문에, 비행 중에 경로를 변경할 수 있다. 표적에 근접하면 영상 적외선 시커를 유도장치로 사용한다. 이 영상 적외선 시커에는 자체가 독립적으로 표적을 인식하는 알고리즘이 내장되어 있다. 현재는 최종 단계의 유도 시스템을 영상 적외선 시커에서 밀리미터파 능동형레이더, 합성개구레이더, 레이저레이더 등으로 변경할 예정이다. 그러면 전천후 운용능력이 향상되고, 표적에 따른 최적 유도장치를 사용할 수 있게 된다. AGM-158은 첫 양산형인 AGM-158A가 2003년에 취역했다.

AGM-158A의 사정거리를 더욱 연장한 것이 AGM-158B JASSM-ER이다. 이때의 ER은 **사정거리 연장**(extended range)을 뜻한다. 상세한 내용은 알려지지 않았지만, 엔진의 연비효율을 개선하고 연료 장착 수량을 늘림으로써 최대 사정거리를 925km 이상으로 만들 계획이다. 또한, 표준형을 기준으로 하드웨어에서 70%, 소프트웨어에서 95%의 공통성을 유지할 예정이다. JASSM-ER은 2006년 5월 18일에 비행시험을 시작했다. 현시점에서는 2013년부터 실용 배치할 것으로 보인다.

AGM-158은 전장이 4.72m, 중량이 1,021kg이나 되는 대형무기이므로 F-35의 무장창에는 수납할 수 없다. 따라서 F-35는 좌우 주날개 아래에 각 1발씩 장착하게 된다.

대형 장사정 공대지 미사일 AGM-158 JASSM. 뒷부분에 터보제트 엔진을 내장하고, 발사 후에는 날개를 펴서 순항에 들어간다. 현재는 사정거리가 연장된 JASSM-ER이 개발 중이다.

(사진 : 아오키 요시토모)

공대함 미사일 : AGM-84

1971년에 개발하기 시작한 공대함 미사일(air to surface missile, ASM)이다. 1972년에는 함정발사형으로도 개발하기 시작했다. 항공기에 장착하여 공중에서 발사할 수 있는 형은 AGM-84 하푼으로 부르고, J402 터보제트 엔진을 추진 장치로 사용하며, 관성항법장치(INS)와 능동형 레이더를 조합한 유도 시스템을 갖췄다. 일반적으로 미사일은 발사 직후에 해면에 닿을락 말락 한 고도(시 스키밍 고도)까지 내려간 후 전파고도계를 사용해서 고도를 유지하면서 관성항법장치에 입력된 데이터로 비행한다(역자주: 피격 위험을 줄이기 위한 초저고도 비행). 미사일이 사전에 설정된 지점에 도달하면 레이더가 작동해서 레이더 반사가 가장 큰 부분(대개 함교)으로 향한다. 표적에 거의 다가가면 급상승(pop-up)한 후 급강하(deep- dive)해서 탄착점(역자주: 통상 방호가 약한 갑판이나 함정의 상부, 슈퍼 스트럭쳐)을 노린다. 최대 사정거리는 120km이다.

하푼은 블록화 발전계획을 토대로 하여 개량하였다. 초기형인 AGM-84A에 이어 대전자대항수단(electronic counter-countermeasures, ECCM) 능력을 높인 블록 1B(AGM-84C)를 1982년에 먼저 실용화하였다. 1984년의 블록 1C(AGM-84D)에서는 시 스키밍(sea skimming) 비행방법을 개량하고, 경유점을 늘리는 등 관성항법장치를 개량했으며, 선택식 수색방법을 도입했다. 또한, 사정거리를 연장하고, ECCM 능력을 더욱 향상하였다. 1992년에는 블록 1D 연구를 시작하여 사정거리를 연장하고 재공격능력(전자 방해 등으로 표적을 잃어버렸을 때, 일단 표적을 지나쳤다가 재차 공격 비행 패턴에 들어가는 능력)을 갖추는 새로운 기능을 추가했다. 하지만 긴 사정거리가 불필요하다고 판단하여 양산하지는 않았다. 1997년에는 블록 1G(AGM-84G)를 개발하였다. 이는 블록 1C에 블록 1D의 재공격 능력을 부여하고 유도장치를 개량한 것이다. 2000년부터 제작하기 시작한 블록 2(AGM-84J/L)는 중간단계유도에 위성항법장치(GPS)를 부가해서 정밀도를 높임으로써, 다수의 함선이 존재하는 해역에서도 표적 함선만 정확히 공격할 수 있게 하였다. 그리고 사정거리도 연장하여 최대사정거리가 124km 이상이 되었다. 또한, 더욱 능력을 높인 블록 3를 계획하기는 하였지만, 개발은 중지된 상태이다.

하푼은 SLAM/SLAM-ER을 토대로 만든 미사일이다. 비교적 대형이기 때문에 F-35의 무장창에는 수용할 수 없다. F-35에서는 좌우 주날개 아래에 1발씩 장착하는 것을 표준적인 장착방식으로 삼는다.

하푼 공대함 미사일은 비행정밀도를 향상하고 공격의 정확성을 높인 J/L형으로 개량하였다. AGM-84L에는 SLAM-ER에 이용된 신기술이 적용되었다. (사진 : 아오키 요시토모)

정밀유도폭탄(1): GBU-10/-11/-12/-16/-17/-22/-24

레이저 유도 폭탄인 페이브웨이 시리즈에는 1976년에 실용화한 페이브 웨이Ⅱ와 1986년에 실용화한 개량형 페이브웨이Ⅲ가 있다. 페이브웨이는 탄체의 중량에 따라 번호가 부여된다. 레이저 유도 폭탄은 항공기 또는 제3자가 표적에 레이저를 조사하고, 폭탄 끝에 장착된 레이저 시커가 그 반사광을 수신해서 폭탄을 반사원(표적에서 반사되는 레이저 반사광)으로 향하게 하는 방식이다. 명중정밀도가 매우 높다.

페이브웨이Ⅱ는 탄체의 가장 뒷부분에 펼침식 날개(fin)를 갖춰서 폭탄이 낙하할 때 안정된 탄도를 유지할 수 있게 했고, 앞쪽에 방향을 수정하기 위한 작은 날개(control fin)를 달았다. 앞끝 부분의 레이저 수광부는 고리모양으로 하고 웨더베인(weathervane)처럼 움직일 수 있게 하여 넓은 범위에서 레이저를 수신할 수 있게 설계하였다. Mk84 2,000파운드(907kg) 폭탄을 탄체로 사용한 것이 GBU-10, M118 3,000파운드(1,361kg) 폭탄을 사용한 것이 GBU-11, Mk82 500파운드(227kg) 폭탄을 사용한 것이 GBU-12, Mk83 1,000파운드(454kg) 폭탄을 사용한 것이 GBU-16, MSM 관통탄을 사용한 것이 GBU-17이다.

페이브웨이Ⅲ는 레이저 시커의 감도를 높인 것이다, 레이저 수광부위를 개량하여, 웨더베인을 없애고 고정식으로 하였다. 펼침식 날개는 페이브 웨이Ⅱ와 동일하며, 탄체로 Mk82를 사용한 GBU-22와 Mk84를 사용한 GBU-24가 있다.

레이저 유도 폭탄은 레이저만 수신할 수 있다면 매우 높은 명중정밀도를 보이지만, 기후나 전투 상황에 따라서는 레이저의 반사광을 제대로 수신할 수 없는 경우도 있다. 그러면 폭탄은 단순히 낙하할 뿐이며, 표적에서 멀어지고 만다. 그래서 레이저 유도장치와 더불어 GPS를 원용한 관성항법장치(GPS-aided inertial navigation system, GAINS)를 장착해서 레이저를 수신하지 못하는 상황에서도 사전에 입력한 표적의 좌표를 향할 수 있도록 한 형태도 개발하였다. 이것이 강화형 페이브웨이이며, GBU-12/-16 페이브웨이Ⅱ와 GBU-24 페이브웨이Ⅲ에서 출발하였다. 명칭도 앞에 E를 붙여 EGBU-12/-16/-24라고 부른다. 강화형 Ⅱ/Ⅲ은 1990년대 후반에 실용화하여, 1999년 코소보 전쟁에서 처음으로 사용하였다.

또한, 페이브웨이 시리즈 폭탄은 기본적으로 투하 전에 레이저를 수신해야 하므로, F-35에서는 기체 외부에만 장착할 수 있다.

동체에 밀착된(컨포멀) 연료탱크 스테이션에 GBU-16 페이브웨이Ⅱ를 장착한 F-15E. 시커의 수광 범위를 넓히기 위해 전방향으로 움직일 수 있게 만들었으며, 링 모양의 웨더베인이 설치되어 있는 것이 페이브웨이Ⅱ의 특징이다. (사진 제공 : 미국 공군)

정밀유도폭탄(2): GBU-31/-32/-35/-38/-54/-55/-56

미국 공군과 해군은 1980년대 말에 페이브웨이보다 값싼 정밀유도무기를 개발하기 위한 연구에 착수했다. 페이브웨이 시리즈는 1991년의 걸프전쟁에서 실제로 높은 명중정밀도를 실증하고 그 위력을 발휘했지만, 제작비용이 비싸고 제작하는 데 시간이 오래 걸리는 문제점도 드러났다. 그래서 위성항법장치(GPS)와 관성항법장치(INS)만 조합해서 표적좌표로 유도하려는 계획을 수립하여, 1995년에 보잉을 개발 담당 기업으로 선정하였다. 이것이 합동정밀직격탄(joint direct attack munition, JDAM) 계획이다. 탄체로 2,000파운드(907kg) 폭탄을 사용한 GBU-31, 1,000파운드(454kg) 폭탄을 사용한 GBU-32, 1,000파운드 관통탄을 사용한 GBU-35, 500파운드(227kg) 폭탄을 사용한 GBU-38이 있다.

JDAM의 가장 큰 특징은 보통 폭탄에 JDAM 키트를 부착함으로써 정밀유도폭탄으로 탈바꿈하는 것이다. 이 키트는 GPS 수신기, INS, 비행제어컴퓨터, 날개면 작동장치 등을 수용한 탄체, 가장 뒷부분에 장착한 유도장치(외부에서는 4개의 전동식 핀이 폭탄의 낙하탄도를 제어한다)와, 탄체 주변의 공기흐름을 제어하는 스트레이크로 구성된다. GBU-38 이외는 탄체 중앙부에, GBU-38은 끝 부분에 이런 스트레이크가 있다. 투하 후의 기본 유도장치는 GPS이며, 인공위성에서 신호를 꾸준히 수신하여 지시받은 지점에 폭탄이 정확히 향하도록 유도한다. 그런데 GPS 신호를 수신하지 못하거나 GPS 장치가 고장 난 경우에는 INS로 교체해서 표적으로 지향할 수 있다.

2004년에는 이 JDAM에 레이저 유도키트를 첨가해서 운용능력을 높이는 작업이 시작되었다. 이것이 레이저 JDAM(laser joint direct attack munition, LJDAM)이며, GPS가 기본 유도시스템인 점은 통상적인 JDAM과 다르지 않다. 하지만 투하기와 다른 항공기 혹은 지상 등에서 표적에 레이저 조사를 하고 LJDAM이 레이저 반사광을 수신하면, 그 반사원을 GPS 유도 컴퓨터가 재계산해서 새로운 표적 좌표를 정할 수 있게 했다. 이로써 저속으로 이동하는 표적도 공격할 수 있고, 이론상 레이저만 수신한다면 표적을 변경할 수도 있다. 500파운드 폭탄을 탄체에 사용하는 것이 GBU-54, 1,000파운드 폭탄을 사용하는 것이 GBU-55, 2,000파운드 폭탄을 사용하는 것이 GBU-56이다. JDAM은 F-35의 기본 공대지 공격 무기이며, 2,000파운드까지의 폭탄은 어떤 형의 F-35이든 무장창 내에 각 1발을 장착할 수 있다.

Mk80 시리즈 폭탄에 키트를 장착함으로써 정밀 유도무기로 만든 JDAM. 위쪽은 Mk83 탄체의 GBU-32, 아래쪽은 Mk82 탄체의 GBU-38이다. GBU-38 외에는 탄체 중앙부에 스트레이크를 장착하는데, GBU-38만은 앞쪽 끝 부분에 스트레이크를 장착한다. 유도 방식은 동일하다.
(사진 : 두 사진 모두 아오키 요시토모)

정밀유도폭탄(3): GBU-39/B

JDAM과 마찬가지로 위성항법장치(GPS)와 관성항법장치(INS)를 유도장치로 사용하고, 탄체만 작게 만든 것이 GBU-39이다. 소직경폭탄(small diameter bomb, SDB)이라고도 한다. 탄체는 새로 개발한 250파운드(113kg) 폭탄을 사용하는데, 그 지름은 불과 7.5인치(19cm)로 매우 가늘다. 이 가느다란 탄체 때문에 SDB라는 명칭이 붙었다. 또한, 작약은 트라이토널(tritonal)을 19kg 사용해서 900kg급의 폭탄이 필요한 표적을 파괴하는 성능을 지닌다.

SDB의 큰 특징은 활공용 날개를 갖췄다는 점이다. 이 날개는 탄체 윗부분에 완전히 접어두었다가, 투하하면 펼쳐져 너비 1.38m로 늘어난다. 이 날개는 항공기의 주날개와 마찬가지로 양력을 생성하여 글라이더처럼 활공해서 표적을 향할 수 있게 한다. 높은 고도에서 투하한 경우에는 최대 약 75km 전방의 표적을 향하게 할 수도 있다. 투하정밀도는 반경 3m의 범위에 반수가 착탄되는 정도이다. 탄체의 가장 뒷부분에는 4개의 비행 제어용 핀이 있고, 활공비행 중의 방향타 역할을 한다. 또한 탄두의 앞쪽 끝 부분을 강화하고 폭발을 늦추는 지연신관을 부착해서, 두께 2.4m의 강화 콘크리트를 관통하는 성능을 갖췄다. 그리고 최신형으로 집중파괴탄약(focused lethality munition, FLM)형도 개발하여 양산에 들어갔다. FLM은 탄체를 복합재료로 만들었고, 그 안에 다단계 폭발물(폭풍 · 초저파편형)을 내장하였다. 이로써 파괴력은 큰 차이가 없지만 피해를 미치는 범위를 한정할 수 있게 하였다.

SDB는 미국에서 공군만 장비한 무기이다. 2001년에 연구 프로그램을 시작하였고, 2005년 4월에 보잉을 제작 담당 기업으로 선정하였으며 2006년부터 실용 배치를 시작하였다. 소형 SDB용으로 BRU-61/A

스마트 랙(smart rack)이라는 장착 장치도 개발하여, 하나의 랙에 4발의 GBU-39/B를 장착할 수 있게 하였다.

F-35에서는 BRU-61/A를 사용하는 경우에 주날개 아래에 장착하고, 스테이션 1군데당 4발을 장착할 수 있다. 또한, 장래에는 무장창 내에 장착하기 위한 전용 스테이션을 개발하고 있고, 이것이 완성되면 1군데의 무장창에 최대 8발을 수용할 수 있을 것으로 보인다.

새로 개발한 250파운드(113kg) 폭탄에 GPS/INS 유도장치를 달고, 펼침식 날개를 장착해서 활공할 수 있게 만든 GBU-39/B SDB. 사진 뒤쪽에는 날개를 접은 상태의 폭탄이 놓여 있다.

(사진 : 아오키 요시토모)

정밀유도폭탄(4): GBU-53/B

SDB의 운용능력을 더욱 높이기 위해 SDB Ⅱ라는 프로그램을 2006년에 시작하였다. 이 프로그램의 주안점은 악천후에서도 이동 표적을 공격할 수 있는 능력을 갖추는 데 있다. 보잉과 레이시언이 경쟁을 벌여 2010년 8월에 레이시언의 제안을 채택하였다. GBU-53/B를 장비하기로 결정하였다. SDB Ⅱ는 미국 해군과 해병대도 운용한다. GBU-53/B는 GBU-39/B와 동일한 활공식 유도 폭탄인데, 본체의 지름은 GBU-39/B의 19cm보다 더 가늘어서 15.2cm(시커 부위는 17.8cm)이다. 또한, 전체 중량도 200파운드(90.7kg)로 경량화하였다. 다만, 장착하는 랙은 GBU-39/B와 동일한 BRU-61/A이며, 장착 수량도 차이가 없다.

GBU-53/B가 GBU-39/B와 가장 다른 점은 앞쪽 끝 부분에 트라이모드 시커라는 3종류의 센서를 조합한 유도장치를 갖췄다는 점이다. 이 트라이모드 시커는 밀리미터파 레이더, 비냉각식 영상 적외선 카메라, 반능동 레이저로 구성된다. 밀리미터파 레이더는 악천후에서도 표적을 포착 · 추적하고, 영상 적외선 카메라는 신속한 공격 활동에 들어갈 수 있도록 한다. 반능동 레이저 시커는 페이브웨이 시리즈 폭탄과 마찬가지로 레이저 반사광을 포착해서 그 반사원(표적)에 폭탄을 향하게 한다. 이처럼 SDB Ⅱ는 특징이 서로 다른 3종류의 시커를 갖춤으로써 갖가지 전투 상황에 대응할 수 있는 정밀유도무기가 되었다. 그리고 쌍방향 데이터 링크 장치를 갖췄기 때문에 활공 중에 표적정보를 업데이트하거나, 비행경로를 변경할 수도 있다. 트라이모드 시커는 표적에 근접한 최종 단계에서 작동하기 시작한다. 탄두는 폭풍탄두, 파편탄두, 성형작약탄두가 조합된 탄두이다. 이 탄두는 견고한 장갑 표적을 파괴할 수 있는 위력이 있고, 폭발력이 미치는 범위를 한정적으로 억제할 수 있어서 불필요한 시설이나 주변의 우군에 대한 피해를 최소화할 수 있다.

GBU-53/B는 2010년 후반부터 응용 및 제작개발(engineering and manufacturing development, EMD) 작업에 들어갔고, 2011년 후반부터 비행시험을 시작했으며, 2016년에 개발작업을 완료할 예정이다. 우선 F-15E에 GBU-53/B 운용능력을 갖췄는데, F-35B/C도 2016년 말까지 평가작업을 완료해서 운용능력을 갖출 계획이다. F-35의 장착방식과 장착 수량은 GBU-39/B와 동일할 것으로 보인다.

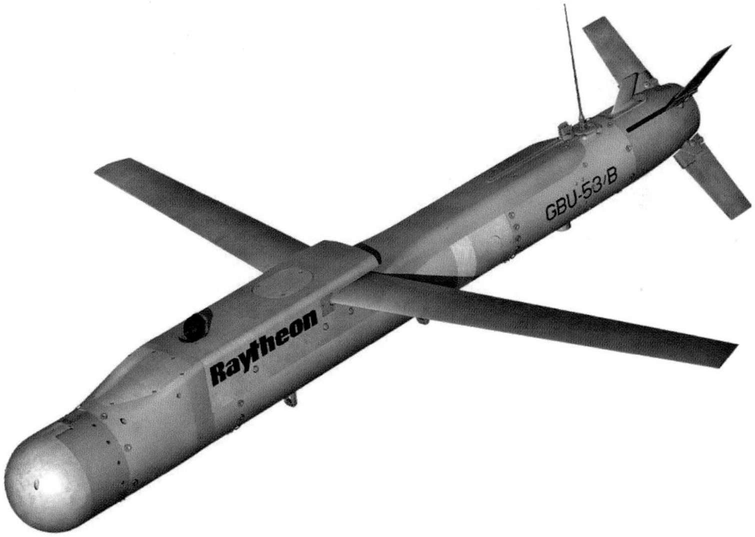

SDB의 발전형으로 개발되는 GBU-53/B SDB II. 앞쪽 끝 부분에는 트라이모드 시커를 장착했고, 탄체와 날개도 완전히 새로 설계했다. (사진 제공 : 레이시언)

정밀유도폭탄(5): AGM-154

합동 장거리 무기(joint stand-off weapon, JSOW)라고 명명된 AGM-154는 공대지 미사일을 나타내는 **AGM**이라는 기호가 사용되지만, 실제로는 추진장치가 없는 활공폭탄이다. 그런데 그 사정거리가 120km 정도로 매우 길기 때문에 미사일과 동일한 AGM이라는 기호를 사용하는 것이다. 개발 작업은 1992년에 미국 해군과 공군의 공동 프로그램으로 시작하였고, 개발과 제작은 레이시언에서 담당했다. 첫 생산형은 AGM-154A이며, BLU-97/B 자탄을 145발 수용해서 표적지역을 면 단위로 제압하는 형태다. 하지만 미국은 확산탄 사용을 지양한다는 정책으로 앞으로 AGM-154A의 사용을 한정하고, 이미 제작도 중단하였다. 대장갑용 소형탄 6발을 수용한 AGM-154B도 개발하였지만 양산하지 않는다. 현재 생산하고 있는 것은 AGM-154C뿐이다. AGM-154C는 2001년 4월에 정식으로 개발하기 시작해서, 2004년 11월에 미국 해군에 먼저 배치하였다.

AGM-154C는 BROACH라는 관통탄두를 장착한다. BROACH란 왕립 무장창 위력 강화형 폭탄(bomb royal ordnance augmented charge)의 약자이며, 서로 다른 두 종류의 성질을 지닌 탄두를 앞뒤로 나란히 놓은 탠덤 형식의 탄두이다. 우선 앞쪽에 있는 성형작약을 사용한 관통탄두가 장갑이나 콘크리트를 관통하고, 이어서 대형탄두가 폭발을 일으켜서 표적을 파괴하는 형식이다.

AGM-154도 펼침식 날개를 달았다. 투하되면 날개를 펼친 후 위성항법장치(GPS)와 관성항법장치(INS)를 조합한 유도장치로 사전에 설정한 경유점을 통해 표적에 나아간다. 이 날개 기술은 GBU-53/B SDB Ⅱ (134쪽 참조)에도 사용하는 것이다. 비행경로로 날아가게 하기 위한 조종날개는 탄체 가장 뒷부분에 있고, 6개의 핀으로 구성된다.

AGM-154C에는 앞쪽 끝 부분에 영상적외선(IIR)에 의한 유도장치를 장착해서, 표적에 가까워지면 이 시커가 작동함으로써 스스로 표적을 포착한다. 아울러, 데이터 링크 장치도 갖추어서 활공 중에 표적에 관한 정보를 업데이트할 수 있다. 또한, 장래에는 최종단계 유도장치를 밀리미터파 레이더나 레이저 레이더(laser radar)로 바꾸기 위해 검토 중이다.

AGM-154도 대형 무기이므로, F-35에서는 주날개 아래에만 장착할 수 있다. 또한, 장착할 수 있는 수량은 스테이션 1군데당 1발이다.

스탠드오프 사정거리의 활공능력을 지닌 AGM-154 JSOW. 추진장치는 없지만, 높은 고도에서 투하하면 100km가 넘는 유도활공비행을 할 수 있다. (사진 제공 : 미국 해군)

통상 폭탄

미군의 표준 통상 폭탄(general purpose bomb, GP)은 1950년대에 개발한 Mk80 시리즈 저저항 통상 폭탄(Low Drag GP) 패밀리이다. 기본형은 250파운드(113kg)의 Mk81, 500파운드(227kg)의 Mk82, 1,000파운드(454kg)의 Mk83, 2,000파운드(908kg)의 Mk84 등 4종류이다. 오늘날 Mk81은 사용하지 않는다. 각 종류는 중량에 따라 크기가 다를 뿐 기본구조는 같다. 기본형으로 사용된 내장 폭발물은 공군용이 트라이토널, 해군·해병대용이 H-6이다. 또한, Mk80 패밀리 탄체는 페이브웨이 II/III 레이저 유도 폭탄이나, JDAM 유도 폭탄의 탄체로도 이용된다.

이런 Mk80 패밀리는 오랜 운용기간을 통해 몇 가지 개량을 거듭했다. 하지만 사용하는 폭발물, 신관, 투하방식 등의 세부적인 개량일 뿐 폭탄의 기본적인 구성은 변하지 않았다. 여러 가지 개량 작업 중에서 중요한 것은 탄체 외피에 거친 내열 코팅을 해서 열 방호 조치를 취했다는 점이다. 이는 미국 해군과 해병대가 주도한 개량 작업으로, 화재가 발생했을 때 유폭의 가능성을 줄이기 위해서이다. 그리고 미국 해군에서는 함재기용으로 PBXN-109 비민감 고위력 폭발물로 대체한 폭탄을 운용한다.

일부 종류는 꼬리날개에 4개의 펼침식 핀을 달고, 그 핀을 펼침으로써 저항을 늘리는 감속형도 만들었다. 이 폭탄을 스네이크 아이라고 부르며, 커다란 4개의 패드를 뒤쪽으로 90도 펼친다. 미국 공군에서는 드래그 슈트를 사용한 감속 장치도 적용했다. Mk82에 장착하는 BSU-49/B, Mk83에 장착하는 BSU-85/B, Mk84에 장착하는 BSU-50을 적용한 것이다. 이런 감속형 폭탄은 낮은 고도에서 투하할 때 사용한다. 폭탄 투하 후에 핀이나 드래그 슈트를 펼쳐 폭탄의 낙하속도를 대폭 늦추고, 표적에 부딪혀 폭발하기 전에 투하기가 멀리 빠져나가, 폭풍에 휩싸이지 않도록 한 메커니즘이다.

F-35는 당연히 이런 폭탄을 운용할 수 있는 능력을 갖췄고, Mk82/83/84를 동체 내 무장창에 수납할 수 있다. 다만, Mk84는 꼬리 부위에 감속 장치를 설치한 경우에 주날개 아래에만 장착할 수 있다. Mk82와 Mk83은 감속 장치를 부착해도 동체 내 무장창에 장착할 수 있다.

미군의 표준 통상 폭탄인 Mk80 시리즈 중에서 가장 큰 Mk84 2,000파운드(908kg) 폭탄. 미국 공군에서는 750파운드(340kg)의 M117도 사용 중이지만, F-35의 무장에는 포함하지 않는다.
(사진 제공 : 미국 공군)

클러스터 폭탄

탄체 내에 다수의 자탄을 가지고 있다가 표적 상공에 흩뿌림으로써 넓은 면을 공격하는 무기가 클러스터 폭탄이다. 클러스터 폭탄 금지 조약은 전 세계 95개국이 서명하고 그중 30개국(일본 포함)이 비준했다. 하지만 미국, 러시아, 중국은 이 조약에 서명도 비준도 하지 않고, 클러스터 폭탄을 계속 보유하고 있다. F-35의 운용 가능 무장 목록에도 CBU-87/-97과 CBU-103/-104/-105가 들어 있다.

CBU-87은 1발의 중량이 약 430kg이다. 탄체 안에 성형작약에 의한 장갑관통능력, 파쇄형 탄체에 의한 인마살상 및 경장갑파괴능력, 지르코늄 소이 링에 의한 화재발생능력 등을 가진 3종류의 BLU-97/B 복합효과탄약을 202발 내포한다. CBU-97도 CBU-87과 거의 비슷한 모양이지만, 크기가 약간 크고 중량도 약 450kg이다. 내부에는 BLUE-108/B 자탄을 10발 수용한다. 이 자탄은 관통형 성형 고성능 작약 탄두이고, 옆면에는 소형 적외선 센서가 달려 있으며, 각각의 자탄이 독자적으로 장갑 차량 등을 탐지한다. 자탄은 표적이 파괴거리 내에 근접하면 폭발한다. 이런 자탄을 센서 신관 무기라고 부른다.

CBU-103/-105/-107은 기존 클러스터 폭탄의 명중정밀도를 향상한 형태로, 풍향 수정확산탄(wind corrected munition dispenser, WCMD) 키트를 장착한 것이다. 구체적으로 CBU-103은 CBU-84에, CBU-105는 CBU-97에 이 키트를 장착한 형태이다. CBU-107은 새롭게 개발된 클러스터 폭탄이다. WCMD는 꼬리 부위의 핀 안에 관성기준장치나 가속도계를 장착하여 낙하 중에 바람의 영향을 수정하고, 표적에 정확하게 명중할 수 있도록 했다. 또한, 새로 개발한 CBU-107은 수동공격무기(passive attack weapon, PAW)라고 한다. CBU-107의 자탄에 관해서는 분명하게 알려지지는 않았지만, 작은 화살 모양의 관통체 3,750개를 사용해서 화학무기 저장 탱크를 파괴하려는 목적을 지닌다. WCMD은 1995년에 정식으로 개발하기 시작하여, 2001년 4월에 미국 공군에서 사용하기 시작하였다.

F-35는 이런 각종 클러스터 폭탄을 동체 내 무장창에 수용할 수 있다. 물론 다른 폭탄과 마찬가지로, 필요에 따라 주날개 아래에 장착할 수도 있다.

CBU-87 클러스터 폭탄을 투하한 B-1B. 미국은 클러스터 폭탄 금지 조약에 가입하지 않았고, F-35의 운용 가능한 무장 목록에도 클러스터 폭탄을 포함했다. (사진 제공 : 미국 공군)

로켓

미군의 표준적인 로켓은 하이드라 70이라는 2.75인치(70mm) 로켓이며, 소형 안정핀접이식 공중발사로켓(folding-fin aircraft rocket, FFAR)이라고 한다. 이 70mm 로켓은 추진장치만 갖추고 유도장치가 없는 무기이다. 또한, 폭발력도 크지 않기 때문에 장갑이나 강화 콘크리트를 사용하지 않는, 비교적 넓은 범위의 표적을 공격하는 데 사용한다. 추진장치는 Mk66 로켓모터를 활용하며, 표적에 따라 각종 탄두를 조합해서 사용한다. 대표적인 공격용로켓은 대인 및 대물용 고폭발력 탄두 M151HE, 화살촉 모양의 철침을 탄투에 내포한 M255, M151HE 탄두를 대형화한 M229HE, 다목적소형탄약을 사용한 M261 등이 있다. 또한, 전투지역상공을 비추기 위한 조명탄 M262도 있다. 최대 사정거리는 발사고도에 따라 달라지지만, 대략 10km 정도이다.

70mm 로켓은 포드에 수용해서 항공기에 장착한다. 포드의 종류는 미국 공군의 7발형 LAU-130/A, 미국 해군의 7발형 LAU-61D/A, 미국 공군의 19발형 LAU-131/A, 미국 해군의 19발형 LAU-61C/A가 있다. 이런 로켓 포드는 F-35의 무장창에는 수용하지 못하고 주날개 아래에 장착한다.

앞에서 설명했듯이, 로켓은 유도장치가 없는 무기이므로 특정 표적에 정확히 명중코자 하는 것이 아니다. 하지만 미국에서는 이런 로켓에도 유도기능을 갖추려는 연구를 진행하여, 록히드 마틴에서는 직접 공격용 유도로켓(direct attack guided rocket, DAGR)을 개발하는 중이다. 구체적으로 살펴보면, 하이드라 70 시리즈 로켓의 앞쪽 끝에 헬파이어Ⅱ 대장갑 유도 미사일(116쪽 참조)에 사용하는 반능동 레이저 센서 기술을 적용해서, 레이저 유도를 가능하게 하려는 것이다. 현재 연구하는 종류는 M151HE 탄두를 활용하는 것이다. DAGR는 유도장치를 장착하기 위해 전장이 하이드라 70의 1.06m에서 1.91m로 매우 길어졌지만, 70mm의 탄체 지름은 유지했다. 따라서 앞서 설명한 각종 로켓 포드(발사관)에 그대로 수용할 수 있다. 또한, 발사 전과 발사 후에 모두 표적에 대한 록온(lock-on)을 할 수 있도록 해서 운용의 유연성을 높였다. 공표된 DAGR의 사정거리는 해면고도에서는 최소 1.5km, 최대 사정거리가 5km이다. 고도 6,100m에서 발사하면 12km의 최대 사정거리를 얻을 수 있다.

2.75인치(70mm) 로켓을 7발 수용하는 미국 공군의 LAU-130/A 포드(오른쪽)와, 록히드 마틴이 개발 중인 2.75인치 로켓에 레이저 유도장치를 장착한 DAGR.
(사진 제공 : 미국 공군-오른쪽, 록히드 마틴-아래쪽)

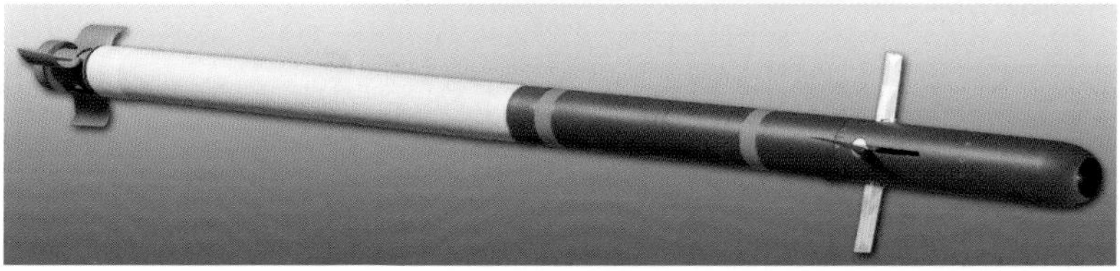

기뢰

미국은 Mk80 시리즈 폭탄의 탄체를 활용한 기뢰도 만들었다. 그중 500파운드(227kg)의 Mk82를 사용한 Mk62와, 1,000파운드(454kg)의 Mk83을 사용한 Mk63이 F-35의 운용 가능한 무장 목록에 들어 있다. 이런 기뢰는 통상 폭탄의 탄체 뒷부분을 기뢰용 키트로 변환하기만 하면 용도를 바꿀 수 있기 때문에 퀵 스트라이크(quick strike)라고도 한다.

뒷부분에 설치한 기뢰용 키트 안에 들어 있는 표적탐지장치(target detection device, TDD)라는 센서가 함선을 탐지해서 적절한 타이밍에 탄두를 폭발케 한다. 초기의 TDD로는 이중 센서 방식의 Mk57과 다중 센서 방식의 Mk58이 있다. Mk57은 자기와 진동을 감지하는 센서이고, Mk58은 Mk57에 압력 센서를 추가한 것이다. 자기 센서는 금속제 함선을 자력으로 감지한다. 진동 센서는 기본적으로 음향 센서와 동일하지만, 바다 속에서 직접 전달되는 소리를 감지하는 것이 아니라 해면에서 발신되는 소리를 탐지한다. Mk58의 압력 센서는 함선이 접근할수록 변화하는 해수압을 검출한다. 이런 퀵 스트라이크는 1970년대 중반에 개발하기 시작해서, 1983년부터 실용화하였다.

1990년대 전반에 센서 개량 계획을 시작하여, 1995년에 Mk70과 Mk71 TDD를 개발하였다. Mk70과 Mk71의 상세한 내용은 발표되지 않았지만, 압력 센서를 주체로 한 센서부를 개량했을 것으로 보인다. Mk70과 Mk71은 1997년에 일단 양산을 하지 않기로 결정했지만, 2000년에는 Mk62/Mk63/Mk65에 Mk71을 장착하기로 결정해서 현재는 대부분의 Mk57/Mk58 센서를 새로운 Mk71 센서로 교체하였다. 그리고 Mk65 퀵 스트라이크는 새롭게 개발된 908kg의 탄체를 사용한 대형 기뢰이며, P-3C 등의 대형기에만 장착할 수 있다.

퀵 스트라이크는 항공기에서 투하하면 드래그 슈트를 펼치거나 저항 핀을 사용해서 낙하 속도를 늦춘다. 그래서 해면에 접촉할 쯤의 탄체에 가해지는 충격이 크지 않아서 폭발하지 않는다. 그러고 나서 퀵 스트라이크는 바닷물에 잠겨 센서가 근거리의 표적을 포착할 때까지 그 상태를 유지한다. Mk62와 Mk63의 치수는 저항형 꼬리 부위를 단 Mk80 시리즈 폭탄과 거의 비슷하기 때문에, Mk62와 Mk63는 F-35의 동체 내 무장창에 장착할 수 있다.

Mk82 500파운드(227kg) 폭탄의 탄체를 활용해서 기뢰로 만든 Mk62 퀵 스트라이크. 해면에 닿았을 때의 충격을 줄이기 위해 꼬리 부분에 저항형 폭탄과 동일한 펼침식 패드가 장착되어 있다.
(사진 제공 : 미국 공군)

기관포

미국 공군은 F-35의 동체 내에 기관포를 고정 장착할 것을 요구했다. 해군과 해병대는 필요에 따라 포드식으로 기체 외부에 장착하면 충분하다고 보았다. 따라서 기관포를 내장한 형태는 A형뿐이다.

F-35A에 장착할 기관포는 몇 가지를 검토하였지만, 최종적으로 구경 25mm의 GAU-22/A로 결정하였다. 이 기관포는 미국 해병대의 AV-8B 해리어Ⅱ나 공군의 AC-130 건십에 장착하는 GAU-12/U 이퀄라이저를 F-35용으로 개량한 파생형이다. 여러 포신을 회전시키면서 사격하는 개틀링식이라는 점은 동일하다. 차이점은 GAU-12/U가 5포신인 데 비해 GAU-22/A가 4포신이다. 포신의 수를 줄인 이유는 기관포 자체를 경량화하고 사격정밀도를 향상하기 위해서이다. 또한, 사격률은 GAU-12/U가 매분 3,600발(매분 최대 4,200발도 가능)인 데 비해 GAU-22/A가 매분 3,300발이다. GAU-22/A는 최소 사정거리가 2,700m 이하, 최대 사정거리가 4,300~4,600m이고, 휴대하는 탄약 수는 180발이다. 그리고 기관포 자체의 중량은 104kg으로, 탄약을 모두 장전해도 총 중량은 238kg에 그친다. F-35A는 이 기관포를 동체 좌현의 주날개 부착부에 장착한다. 사용하지 않을 때에는 포구 부분을 커버로 덮어서 스텔스성을 유지한다.

GAU-22/A의 제작사인 제너럴 다이내믹스는 F-35B/C용의 F-35 전용 기관포 포드를 개발했다. 이를 임무형 기관포 시스템(missionized gun system, MGS)이라고 하며, 내장하는 기관포 자체는 F-35A용과 동일한 GAU-22/A이다. 장착 장소는 동체 중심선 아래의 스테이션이다. 유선형의 파이런과, 기관포를 수납한 포드가 일체형이다. 또한, 파이런 부위에는 약간 뒤쪽으로 향하도록 설계해서 포드 부분을 최대한 뒤쪽에 두도록 했다. 이렇게 함으로써 포드 부분은 무장창 안쪽 덮개가 열린 상태에서도 그 틈에 수납되어, 동체 중심선 아래의 스테이션을 사용하면서도 무장창을 사용하는 데 지장을 주지 않는다.

포드 내에 수용할 수 있는 최대 탄약 수는 F-35A보다 많은 220발이지만, 사격률은 매분 3,000발로 낮아진다. MGS는 2009년 7월에 F-35B 2호에 장착해서 진동 시험을 실시했고, 2010년 6월에 초기평가 작업을 끝냈다. 또한, 2010년 7월까지 개발용시스템 2대도 록히드 마틴에 인도하여, 실제 사격시험을 실시할 예정이다.

동체 중심선 아래의 스테이션에 MGS 포드를 설치한 F-35B. 기관포는 F-35A가 기내에 장착하는 것과 동일한 GAU-22/A 25mm 4포신 기관포이다. 위쪽의 작은 사진은 MGS 포드를 확대한 것이다. (사진 제공 : 록히드 마틴)

COLUMN

장래의 무장창

현재 F-35의 무장창에는 천장 부위와 안쪽 덮개 경첩 부위에만 장착대(스테이션)를 설치하였다. 천장 부위에 JDAM 유도 폭탄, 안쪽 덮개 경첩 부위에 AMRAAM 공대공 미사일을 장착하는 것이 표준적인 사양이다. 하지만 무장창의 부피를 효과적으로 활용하면서 더욱 많은 작전을 수행하기 위해, 장착대를 늘리고 다채로운 무기를 수용할 수 있도록 연구하고 있다. 이는 천장에 스테이션을 2군데 만들고 안쪽 덮개 부위에 2개의 랙을 장착함으로써 가능하다. 그리고 바깥쪽 덮개 안쪽에도 장착대를 설치할 수 있다. 이러면 무기를 장착할 수 있는 예가 그림과 같이 다양해진다. 이렇게 하면 임무에 따라 더욱 효과적으로 무기를 조합해서 장착할 수 있다.

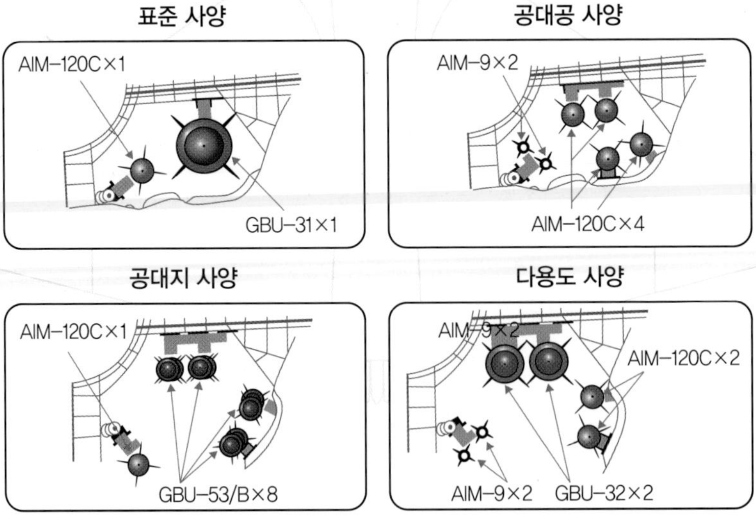

※ 동체 내 무장창의 발전 예

제5장

F-35의 운용

F-35는 많은 국가에 수출할 계획이며, 미국 외에도 이미 도입을 결정한 국가도 있다. 이 장에서는 각국의 F-35 운용계획과, 현재 도입을 검토하고 있는 국가에 관해 설명한다.

미국 공군

미국 공군은 F-16 파이팅 팰컨과 A-10 선더볼트Ⅱ의 후속기로 합동공격전투기(JSF)를 운용하기 위해 당초 2,400대 이상을 도입하기로 결정했었다. 하지만 현재는 통상이착륙(CTOL)형 F-35A를 1,763대 도입하겠다고 계획을 수정했다. 또한, 한때는 A-10의 후속기 일부를 단거리이륙 수직착륙(STOVL) F-35B로 변경할 것도 검토했지만, 현재는 F-35A로 통일하기로 했다.

F-35는 아직 개발 단계이지만, 2006 회계연도부터 이미 양산형 조달이 시작되었고, 저율초기생산(low-rate initial production, LRIP)이라는 형태로 양산기를 제작하기 시작했다. 2010년 말까지 4년분(LRIP 1~4) 총 63대를 계약했고, 그중 미국 공군용 F-35A는 24대이다. 또한 LRIP 1에서 계약한 2대의 F-35A는 이미 완성되어, 1호가 2011년 2월 25일에, 2호가 3월 4일에 초도비행을 했다. LRIP 계약은 그 기종이 실용단계에 들어갈 때까지 지속되며, F-35가 초도작전능력(initial operational capability, IOC)이라는 한정적인 실전태세가 될 때까지 LRIP방식으로 제작된다. 그 후로는 다년도조달(multi-year procurement, MYP)에 의한 전규모생산(full rate production, FRP)으로 이행한다. 현재 상황으로는 F-35가 IOC를 얻는 때는 -미국 공군에서- 2016년이 될 것으로 보인다(조금 늦춰질 가능성도 있다). 따라서 F-35의 생산방법이 FRP로 이행하는 때도 2016 회계연도 이후가 된다. 하지만 LRIP 기간 중에도 연간제작대수를 증가해서, LRIP의 후기단계에서는 연간 150대 이상을 만들 계획이다(F-35B/C도 포함한 수치). 저율이라고는 하지만, 생산태세는 실용단계에 들어간 기종과 다르지 않은 대규모이다.

미국 공군에서 처음으로 F-35를 배치한 부대는 플로리다 주 에글린 공군기지의 제33전투비행단이다. 이 부대는 공군전투사령부 소속의 실전부대로서 F-15C/D를 운용하고 있었는데, F-35 훈련부대로 지정되면서 2009년 10월 1일에 공군교육훈련사령부 소속으로 바뀌었다. 비행단휘하의 비행대대는 제58전투비행대대로 변함이 없다. LRIP 1 양산형 2대에는 수직안정판에 **EG**라는 문자를 쓰는데, 이는 에글린 공군기지에 속한 것임을 나타내는 기호이다. 1호에는 비행대대를 나타내는 **58FS**, 2호에는 비행단을 나타내는 **33FW**라는 문자도 쓰여 있다. 에글린 공군기지에 이어 유타 주 힐 공군기지, 사우스캐롤라이나 주 쇼 공군기지와 매킨타이어 주방위공군기지, 일본 오키나와 가데나기지에도 F-35를 배치할 예정이다.

SDD에 이어 만든 LRIP 1의 2호로서 미국 공군에 인도된 F-35. 수직안정판에는 소속부대를 나타내는 'EG'와 '33FW'라고 표기하고 있다. (사진 제공 : 록히드 마틴)

미국 해병대

미국 해병대는 F/A-18 호넷과 AV-8B 해리어Ⅱ의 후속으로 단거리이륙 수직착륙(STOVL)형 F-35B를 도입할 계획이다. 계획 수량은 미국 해군과 해병대를 합쳐 680대로 발표하였다. JSF 계획 초기단계에서 미국 해군의 소요는 480대였고 현재도 큰 변화가 없는 430대 정도로 보이고, 해병대는 총 250대 정도로 여겨진다. JSF 계획 초기에는 해병대의 소요가 609대였지만, 지금은 대폭 삭감되었다. 2010년 말 시점에서 미국 해병대가 보유한 F/A-18과 AV-8B 및 F/A-18이 약 200대, AV-8B가 142대(그중 2인승 TAV-8B는 16대)였으므로, 그보다 100대 정도 적은 약 250대는 타당한 수치이다.

통상이착륙(CTOL) F/A-18과 수직/단거리이착륙(V/STOL) AV-8B를 단일 기종으로 통일한다는 점과, AV-8B의 V/STOL 능력이 작전 수행에 필수적이라는 점 때문에 해병대는 JSF에 STOVL 능력을 강하게 요구했다. 새로운 전투공격기 계획단계에서 STOVL형의 개발이 포함되지 않으면 JSF 계획은 실현할 수 없다고 해도 과언이 아니다. 한편, STOVL형의 개발작업은 복잡한 STOVL 추진 시스템 문제 때문에 난항을 겪고 있고, 2011년 1월 6일에는 로버트 게이츠 미국 국방장관이 F-35B에 관해 "시험 중에 중대한 문제에 직면했다"고 말했다. 또한, "F-35B의 문제를 해결하기 위한 개량이 이루어지지 못하거나 그 작업이 계획대로 진전되지 않는 상태가 2년간 지속된다면 F-35B의 개발을 중지할 수 있다"고 밝혔다. F-35B에 옐로카드를 꺼내 든 셈이다. 그 때문에 F-35B의 개발과 제작이 지속되더라도 IOC를 획득하는 때는 예정된 2012년보다 더 늦어질 것으로 보인다.

F-35B의 양산형은 LRIP 2에서 6대, LRIP 3에서 9대, LRIP 4에서

17대 등 총 32대를 계약하였지만, 그중 LRIP 3의 2대와 LRIP 4의 1대는 영국용이므로 미국 해병대용은 29대가 된다. 하지만 앞에서 설명했듯이 개발 단계에서 문제가 발생했기 때문에 LRIP 4에서 해병대용 16대가 13대로 줄어들어, LRIP 4까지 총 26대를 제작하였다. F-35B의 작업이 계획대로 진행되면 미국 해병대는 훈련부대인 VMFAT -501 월로즈에 처음으로 배치할 예정이다. 각 군의 F-35훈련부대를 1군데에서 운영할 계획이어서, VMFAT-501도 에글린 공군기지로 이동하게 된다.

애프터버너를 사용해서 단거리이륙을 시도하는 STOVL F-35B. SDD F-35B의 4호(BF-4)이며, F-35로는 처음으로 레이더를 장착해서 비행했다. (사진 제공 : 록히드 마틴)

미국 해군

미국 해군은 함상(CV)형 F-35C를 430대 정도 도입해서 F/A-18A~D 호넷의 후속기로 활용할 계획이다. 미국 해군에서는 작전기를 항공모함에 배치하는 것이 기본이므로, 각 항공모함에 전개하기 위한 항공모함비행단(carrier air wing, CVW)을 편성한다.

CVW는 전투기비행대대와 공격기비행대대(현재는 전투공격비행대대로 통일되었다), 전자전기비행대대, 조기경계기비행대대, 헬리콥터비행대대로 구성된다. 몇 가지 예외는 있지만, 전투공격비행대대는 4개의 비행대가 하나의 편조를 이룬다. F/A-18E 슈퍼 호넷 1개 비행대, F/A-18F 슈퍼 호넷 1개 비행대대, F/A-18A 또는 F/A-18C 호넷 2개 비행대가 한 조를 이루는 것이 기본이다. F-35C는 그중 호넷 2개 비행대대와 교체할 계획이므로, F-35C가 실전 배치되면 CVW의 전투공격 전력은 슈퍼 호넷 2개 비행대대와 F-35C 2개 비행대대의 조합이 될 것이다.

미국 해군에서는 항상 10척의 항공모함으로 작전태세를 유지하는 것을 목표로 삼기 때문에 CVW도 10개 부대가 필요하다. 단순 계산으로는 F-35C 비행대대가 20개 필요한 셈이다. 또한, 전투공격기 1개 비행대대에 배치할 F-35C는 12~14대이기 때문에, 이것만으로도 240~280대가 필요하다. 게다가 훈련용, 예비용, 갱신용을 포함하면 약 400대를 도입해야 한다는 계산이 나온다. 이는 해군의 소요가 430대 정도라는 근거가 된다.

F-35C는 해군이 요구하는 시기를 감안해서 F-35 중에서 가장 마지막으로 개발하는 형태가 되었다. 시스템 개발 및 실증(SDD) 단계에서 해군용 3대가 후반기에 만들어진 이유도 이 때문이다. 또한, 초기양산

단계 LRIP 1~3에서는 해군용을 1대도 제작하지 않았다. 다만, F135 엔진은 이미 계약이 맺어진 양산 로트 4에서 F-35C 4대분으로 5대를 제작하도록 장기계약을 맺었다. 해군용 F-35C 4대는 LRIP 4의 제작 계약에 포함되었으므로, 이것이 F-35C 첫 양산형 제작 작업이 될 예정이다.

현시점에서는 F-35C도 공군의 F-35A와 마찬가지로 2016년에 IOC를 얻겠다는 목표이지만, 역시 늦춰질 가능성이 있다. 해군에서 처음으로 F-35C를 배치한 곳은 훈련 부대인 VF-101 **그림 리퍼스**이다. 이 부대도 해병대 부대와 마찬가지로 에글린 공군기지로 이전한다. 그리고 해군에서 F-35C는 다용도 작전기이기는 하지만 부대명에는 전투비행대대를 나타내는 **VF**를 사용한다.

미국 해군용 CV 사양의 F-35C. 앞으로 미국 해군의 CVW에서는 F-35C와 F/A-18E/F을 조합하여 기본적인 작전전력으로 구성하고, 표준 CVW는 각각 2개 비행대씩을 휘하에 두게 된다.
(사진 제공 : 록히드 마틴)

영국

세계 최초의 실용 수직/단거리이착륙(V/STOL) 전투기 해리어를 개발한 영국은 1969년 8월 공군에 실전배치를 시작했다. 그 후 해리어는 해군용 시 해리어, 미국이 개발한 개량형 AV-8B 해리어Ⅱ 등으로 진화했고, 해리어Ⅱ는 영국 공군도 초기형 해리어의 후속기로 도입했다. 한편, 21세기 초에 해리어를 퇴역토록 했기 때문에 JSF의 STOVL형인 F-35B를 후속기로 운용하기로 하고, JSF 계획에 초기부터 참가했다. 실제로 2006년 3월에는 영국 해군에서 시 해리어가 퇴역했고, 이후 해군은 공군과 공용으로 해리어 GR.7/9를 필요에 따라 운용하는 태세를 갖췄다. 그 때문에 F-35B를 서둘러 도입해서 2014년 후반에는 실전배치를 시작하겠다는 계획을 세웠다. 또한, 이 시점에서 해군은 60대, 공군이 90대, 총 150대를 소요제기했다.

그러나 영국 정부는 2010년 10월 19일에 전략 국방, 안보 검토라는 새로운 국방 계획을 발표하고, 공군의 해리어 GR.7/9를 예정보다 빠른 2011년 4월에 퇴역시키겠다고 밝혔다. 게다가 그 후속기도 장비하지 않겠다는 방침을 발표했다. 실제로 해리어 GR.7/9는 2010년 12월 15일 영국 공군에서 마지막 비행을 한 후, 2011년 1월 28일에 공군과 해군의 비행대대를 정식으로 해체했다. 이처럼 영국군은 STOVL의 필요성을 잃어버렸지만, F-35의 도입 계획 자체는 그대로 유지해서 함상(CV)형 F-35C로 도입 기종을 바꾸었다. 이는 영국 해군에 통상형 항공모함 도입 계획을 세웠고, F-35C가 그 항공모함에서 운용하기에 적절하다고 판단했기 때문이다. 또한, 해군과 공군이 동일한 기종을 운용하는 편이 효율적이라는 생각도 있었다. F-35B의 개발에 문제가 발생한 점은 그런 판단에 직접 관계가 없었지만, 그에 관한 정보가 판단 자료의 하나였을 가능성은 있다.

영국은 F-35C 138대를 운용하기로 발표하였지만, 공군과 해군 각 군의 상세한 내역은 아직 발표하지 않고 있다. 하지만 공군과 해군의 각 비율이 예전과 큰 차이는 나지 않을 것으로 보인다. 또한 F-35의 LRIP 계약에서는 LRIP 3에서 2대, LRIP 4에서 1대의 F-35B를 영국용으로 제작하여 인도하였다. 겨우 3대의 F-35B를 영국이 어떻게 운용할지는 알려지지 않았지만, 아마 연구기로 사용할 것으로 보인다.

영국군용 F-35B의 상상도. F-35를 도입할 예정인 각국은 이처럼 F-35의 상상도를 그렸다. 이 그림을 그린 시점에서 영국은 F-35B를 배비할 예정이었지만, 현재는 F-35C로 기종을 바꿨다.
(사진 제공 : 록히드 마틴)

이탈리아

이탈리아도 영국과 마찬가지로 공군과 해군에서 F−35를 도입할 계획이다. 현시점에서는 공군이 CTOL형 F−35A와 STOVL형 F−35B를, 해군이 STOVL형 F−35B를 도입하기로 했다. 또한, 계획 수량은 F−35A가 69대, F−35B가 62대뿐이다. 공군과 해군의 F−35B 내역은 발표하지 않았다. 다만, 해군의 소요가 26대 정도로 보이기 때문에 공군용 F−35B는 36대 정도이고, F−35A를 포함한 공군의 총 소요는 105대가 된다.

공군에서는 공격기로 사용하는 파나비아 토네이도의 후속으로 F−35A를, AMX 인터내셔널의 후속으로 F−35B를 도입하기로 했다. 이탈리아 공군은 신세대 전투기로 2004년부터 유로파이터를 도입하기 시작했고, 2인승 15대를 포함한 121대를 배치하기로 했다(수량은 삭감될 가능성도 있다). 한편, 유로파이터 자체는 다용도기이지만, 이탈리아 공군은 이 기종을 주로 방공작전용으로 운용하기 때문에 공격력에 무게를 둔 새로운 전투기가 별도로 필요해서 F−35A/B를 선택했다. 현재 이탈리아 공군은 토네이도를 70대(전자전투형 15대), AMX를 43대(2인승 훈련형 12대) 보유하고 있다. 훈련부대를 포함하면 토네이도로 3개 비행대대(그 외에 전자전투 부대 1개 비행대대)를, AMX로 4개 비행대대를 운용하고 있다. F−35A/B를 앞에서 이야기한 대로 105대, 훈련기를 1개 비행대대로 운용한다고 가정하면, 이탈리아 실전부대의 거의 전체를 F−35A/B로 바꿀 수도 있다.

해군은 간이 항공모함인 주제페 가리발디와 카부르에서 운용하는 AV−8B 해리어Ⅱ의 후속으로 F−35B 2인승 2대를 포함해 18대를 도입하기로 했다. F−35B의 개발에 문제가 발생했다는 사실은 앞에서 언급

했지만, 현시점에서 이탈리아 해군은 F-35B의 도입 계획을 변경하지 않았다. 간이 항공모함에서 운용할 수 있는 전투공격기는 STOVL형뿐이므로, F-35B의 개발이 중단된다면 배치할 수 있는 기종이 사라지는 문제가 발생할 우려가 있다.

그리고 이탈리아는 공군과 해군에 배치할 예정인 131대에 관해 이탈리아 국내에서 최종조립과 완성검사(FACO)를 하기로 허가받았고, 알레니아가 그 작업을 담당한다. F-35의 도입을 계획하는 국가 중에서 최종조립을 승인받은 국가는 현재 이탈리아뿐이지만, 앞으로 늘어날 가능성도 있다.

이탈리아군용 F-35의 상상도. 앞쪽은 F-35A, 뒤쪽은 F-35B이다. 이탈리아는 현재도 F-35B의 도입 계획을 변경하지 않았다. F-35B의 도입이 실현된다면 이탈리아는 미국 외에 복수의 기종을 도입하는 유일한 국가가 된다. (사진 제공 : 록히드 마틴)

네덜란드

네덜란드는 공군이 운용하는 F-16 파이팅 팰컨의 후속으로 CTOL형 F-35A를 85대 도입할 계획이다. 네덜란드는 1970년대에 벨기에, 덴마크, 노르웨이와 함께 새로운 전투기로 F-16을 도입하기로 결정한 북대서양 조약 기구(NATO) 4개국 중 하나이며, 자국용과 노르웨이용의 일부를 국내에서 조립했다.

F-16의 도입 수량은 1인승 F-16A가 177대, 2인승 F-16B가 36대, 총 213대이다. 1992년 2월에 최종 항공기를 수령했다. 1990년대에는 이 F-16에 관해 수명중근대화(mid-life upgrade, MLU)라는 계획을 실행해서 전투력을 높이기로 계획했다. 당초에는 170대 정도를 MLU할 예정이었지만, 냉전이 종결되면서 139대(F-16A 114대와 F-16B 25대)로 감소했다. MLU 개조를 받은 것을 F-16AM/BM이라고 하며, 미국 공군의 F-16C/D 블록 30/32와 거의 동등한 능력을 가진다. 또한, 네덜란드 정부는 2003년에 F-16의 전력을 25% 삭감하기로 결정한 결과, 현재 보유하고 있는 F-16은 F-16AM이 76대, F-16BM이 11대이다. 또한, 부대는 폴켈 기지에 제311비행대대, 제312비행대대, 제313비행대대, 레이우아르던 기지에 제322비행대대, 제323비행대대, 등 5개 비행대대를 운용하고 있다. 그 외에 미국 오하이오 주 버클리 주방위공군기지에 제306분견대를 파견했는데, 이는 훈련 부대이다.

네덜란드도 F-35가 시급히 필요한 국가 중 하나이다. 따라서 당초에는 제1진이 2011년에, 제2진이 2012년에 F-35를 인수하기로 했다. 그러나 F-35의 시스템 개발 및 실증(SDD) 작업이 늦어지자 당초 계획은 불가능해졌고, 현시점에서 새로운 계획은 발표하지 않고 있다. 다만, 네덜란드 공군에서는 늦어도 2023년까지는 F-35로 장비완료하고자 한다. 이런 상황에서 네덜란드 정부는 2009년에 시험용 항공기의 조달을 승인하고, LRIP 3과 LRIP 4에 각 1대의 네덜란드용 F-35를 포함하여 제작하기 시작했다. 한편, 앞으로의 양산기 조달 계획은 2012년에 결정하기로 미루었다. 네덜란드에서는 2010년 6월에 치러진 총선거에서 정권이 교체되고 중도우파 연립정권이 들어섰다. 그러나 이 정권은 소수 여당이기 때문에 정국 운영에 어려움이 있어서, F-35의 정식 조달 결정 기한인 2012년까지 최종 결정을 내리고 계약을 체결할 수 있을지 불투명하다.

네덜란드 공군용 F-35A의 상상도. 네덜란드는 미국, 영국에 이어 3번째로 F-35를 도입하기로 결정한 국가이다. LRIP 4 계약까지 2대의 네덜란드 공군용 F-35A가 포함되었다.

(사진 제공 : 록히드 마틴)

오스트레일리아

오스트레일리아 공군은 1999년 5월에 사용 중이던 F-111과 F/A-18A/B 호넷을 대체할 전투기에 관해 검토를 시작해서 프로젝트 에어 6000이라는 이름을 붙였다. 초기 조사에서 미국의 JSF 계획이 가장 높은 평가를 받았고, 2001년 10월에 록히드 마틴이 시스템 개발 및 실증(SDD) 작업에 나서며 F-35를 개발하게 되자, 오스트레일리아는 그로부터 1년 후에 SDD 작업에 참가하기로 결정했다. 한편, F-35의 실용화 시기와 F-111의 퇴역 시기에 차이가 있어서, F-111의 뒤를 이을 항공기만은 먼저 배치할 필요가 있었기 때문에, 2007년 3월에 F/A-18F 슈퍼 호넷을 발주했다. F-111이 2인승이었기 때문에 슈퍼 호넷도 2인승 F/A-18F만 도입하기로 했고, F-111을 대체하기로만 하였기 때문에 24대만 발주했다. F/A-18F는 2010년 3월부터 인수하기 시작했고, F-111은 2010년 12월에 최종 퇴역했다.

이처럼 오스트레일리아 공군은 F-35를 F/A-18A/B의 후속으로만 배치할 계획이고, 그 소요 수량을 100대로 잡았다. 오스트레일리아의 국토가 광대하기 때문에 당초에는 항속거리가 긴 F-35C를 검토했지만, F-35A로도 충분하다고 판단해서 현재는 F-35A를 배치할 예정이다. 오스트레일리아 정부는 우선 2009년 11월에 제1차 조달분 14대의 구입 경비로 약 32억 오스트레일리아 달러를 지출하기로 했다. 오스트레일리아 공군은 2014년에 첫 2대를 인수하고, 초기 10대는 조종사 훈련을 위해 몇 년간 미국에 배치하겠다고 발표했다. 그러나, F-35 개발 계획이 늦어졌기 때문에 오스트레일리아 공군의 F-35 인수개시 시기도 연기되었다. 오스트레일리아 정부는 2012년에도 52대의 구입 계약을 맺고, 총 66대로 작전부대 3개 비행대대와 훈련부대 1개 비행대대를 편성할 계획이다. 그리고 앞으로 F-35의 개발 작업이 가속화되면, 2018년에 윌리엄타운 공군기지의 부대에서 초도작전능력(IOC)을 달성할 수 있도록 조치하고, 2021년에 3개 실전비행대대의 편성을 완료할 예정이다. 나머지 34대는 그 후에 발주해서 작전부대 1개 비행대대를 증편하거나 예비기로 활용할 방침이다. 그리고 오스트레일리아 공군의 F/A-18 비행대대는 훈련부대를 제외하고 3개 비행대대이므로, 증편되는 1개 비행대대는 2020년대에 퇴역할 예정인 F/A-18F 비행대대를 대체하겠다고 밝혔다.

오스트레일리아 공군용 F-35A의 상상도. 국토가 광대한 오스트레일리아는 항속거리가 긴 F-35C의 도입을 검토했지만, 결국 표준형 F-35A를 도입하기로 결정했다.

(사진 제공 : 록히드 마틴)

캐나다

캐나다는 JSF 계획에 초기부터 참가한 영국을 제외하면, 시스템 개발 및 실증(SDD) 작업에 처음으로 참가하기로 결정한 나라이다. 캐나다는 2002년 2월 7일에 레벨 3에 참가했다. 캐나다는 국방군이 운용하는 CF-188A/B 호넷의 후속으로 CTOL형 F-35A를 65대 도입하기로 했다. 이는 캐나다의 차세대 전투기 능력이라고 명명된 계획을 토대로 한 결정이다. 이 계획에서는 각종 신세대 전투기를 조사했는데, 미국이나 NATO 국가와의 운용상 공통성을 중시해서 F-35A를 선정했다.

CF-188은 1982년부터 운용하기 시작해서, 1인승 CF-188A 98대와 2인승 CF-188B 40대를 운용해왔다. 냉전시절에는 국내뿐 아니라 서독 주재 부대에도 배치했었다. 또한, 2000년대에 들어서 2단계 MLU 개조작업을 시작해서, 2010년 3월까지 모든 작업을 마쳤다. 냉전이 종결되면서 개조작업은 1인승이 61대, 2인승이 18대로 줄었다. 이 MLU 개조작업을 시행한 항공기만 오늘날 캐나다의 전력으로 사용된다. 현재 캐나다 국방군의 호넷 보유수는 총 79대이며, 퀘벡 주 바고트빌 기지 제3비행단 휘하 제425비행대대와, 앨버타 주 콜드레이크 기지의 제4비행단 휘하 제409비행대대 및 제410비행대대 등 3개 비행대대가 있다. 이 중에서 제410비행대대는 승무원 훈련부대이므로 작전부대는 2개 비행대대뿐이다.

캐나다 정부가 F-35A의 구입을 정식으로 결정한 때는 2008년 5월이며, 2012년에 정식으로 계약할 예정이었다. 하지만 경기가 악화되자 캐나다 국방부에서는 F-35 프로그램의 우선순위가 떨어져서 일정이 늦춰질 가능성도 있다. 덧붙여, F-35의 개발 기간이 연장될 조짐을 보이자 당초 캐나다 국방군이 예정한 2015년 또는 2016년의 인수 계획과, 2018년의 초도작전능력(IOC) 달성 계획도 늦어질 것으로 보인다. 그러나 CF-188의 퇴역은 빠르면 2017년이기 때문에 CF-188의 수명을 연장하는 대책을 강구해야 할 처지에 놓였다.

캐나다 국방군은 CF-188을 F-35A로 교체할 계획이며, 배치 부대도 지금과 동일하게 바고트빌 기지의 제3비행단, 휘하와 콜드레이크 기지의 제4비행단 휘하 비행대대 등 총 3개 비행대대로 꾸릴 예정이다. 다만, 현재의 CF-188 비행대대의 번호를 그대로 계승할지는 확실하지 않다.

캐나다 국방군용 F-35A의 상상도. 캐나다는 CF-188A/B의 대체용으로 F-35A를 도입하여 동등한 전력 규모를 유지할 예정이다. (사진 제공 : 록히드 마틴)

덴마크

1970년대에 네덜란드, 벨기에, 노르웨이와 함께 합동으로 F-16을 도입한 NATO 4개국 중 하나이다. 다른 나라와 마찬가지로 MLU 개조로 F-16의 능력을 향상하였지만, 그 후속 전투기로 F-35를 검토하기 위해 시스템 개발 및 실증(SDD) 작업의 파트너로 가맹했다. 덴마크는 1인승 F-16A 51대, 2인승 F-16B 13대, 총 64대를 1980년부터 도입했지만, 냉전이 종결되자 전력을 줄이기로 해서 MLU 개조를 하는 수량도 줄였다. 현재는 소수의 2인승을 포함한 총 30대의 F-16AM/BM을 보유하고 있다. 이 때문에 새로운 전투기 소요도 당초의 48대에서, 2010년의 24~36대로 줄었다. 더 현실적인 수량은 F-16AM/BM과 동일한 30대로 여겨진다. 그리고 덴마크 공군의 F-16 부대는 스크뤼스트룹 기지의 제727비행대대와 제730비행대대 등 2개 비행대대가 있다.

덴마크는 SDD 작업에 참가하는 파트너 국가 중에서 유일하게 F-35의 도입을 결정하지 않았다. 가장 큰 이유는 F-35 개발 작업의 지연과 그에 따른 기체 가격의 상승이다. 덴마크는 F-35 외에 스웨덴의 JAS39 그리펜과 미국의 F/A-18E/F 슈퍼 호넷 3기종을 함께 평가하기로 했다. 당초 2009년 6월에 결정할 예정이었지만, 2010년 3월로 연기되었다. 그러나 그사이 F-16AM/BM의 운용수명 조사에서 적어도 2~4년은 더 안전하게 운용할 수 있다고 결론지어지면서, 최종적인 도입 기종 결정은 2014년에 하기로 했다. 그 결과, 새로운 전투기 소요 시기를 2020년대 초까지 연기하게 되었고, F-35도 충분히 시간을 맞출 수 있게 되었다. 하지만 덴마크의 재정 상황이 변함없이 좋지 않은 상태여서 F-35를 도입하기는 어려워 보인다.

그리고 F-16을 함께 도입한 NATO 4개국 중에서는 벨기에만이

F-35의 SDD 작업에 참가하지 않았다. 벨기에도 F-16을 MLU 개조를 해서 현재는 56대의 F-16AM과 13대의 F-16BM을 보유하고 있다. 이 전투기의 퇴역 시기는 다른 3개국과 거의 비슷하기 때문에 벨기에도 새로운 전투기를 검토할 시기가 되었다. 2018년부터 적어도 45대의 새로운 다용도 전투기가 필요할 것이다. F-35가 유력한 후속기 후보이지만, F-16을 더욱 개조해서 능력을 향상하거나 무인전투기의 가능성을 검토하는 등 한정된 예산을 효과적으로 사용하기 위해 SDD 계획에 참가하지 않았다.

덴마크 공군용 F-35A의 상상도. 덴마크는 SDD 프로그램 참가국 중에서 유일하게 F-35의 도입을 결정하지 않았다. 도입 계획을 철회할 가능성도 높다. (사진 제공 : 록히드 마틴)

노르웨이

F-16을 합동으로 배치한 NATO 4개국 중 하나인 노르웨이는 F-16의 후속 전투기에 관해 장래전투항공기 계획을 세우고, 2008년 1월에 새로운 전투기 정보를 각 제작사에 요구했다. 이 요구에 대해 사브(JAS39C 그리펜), 유로파이터(타이푼), 록히드 마틴(F-35)이 제안을 해왔다. 또한, 노르웨이는 F-35에 관해 더욱 확실히 정보를 취득할 수 있도록 2002년 6월에 레벨 3의 SDD 파트너로 참가했다. 각 제작사로부터 받은 제안을 심사한 노르웨이는 2008년 11월에 F-35A를 선정했다고 발표했다. 노르웨이 정부는 그 이유에 관해 "정부가 내건 운용 요구 조건을 완전히 충족한 후보 기종은 F-35뿐이었다"고 설명했다. 또한, 가격만 놓고 따져보더라도 F-35A는 JAS39C 그리펜의 약 2배이지만, 30년 동안 꾸준히 사용하는 전 운용 기간 중의 총 경비(life cycle cost)는 그리펜이 적어도 30억 달러의 고액으로 산출되었다고 밝혔다. 2011년 6월에는 첫 4대의 구입 예산이 국회에서 승인되었다.

노르웨이 공군은 F-16A 60대와 F-16B 14대를 1980년부터 도입해서, 그중 F-16A 47대와 F-16B 10대를 MLU 개조한 후 F-16AM/BM으로 현재 운용하고 있다. 운용부대는 보되 기지의 제132비행단 휘하 제331비행대대와 제332비행대대, 에울란 기지의 제138비행단 휘하 제338비행대대 등 3개 비행대대이다. 이 모든 부대는 방공과 대함 공격을 주 임무로 삼는다. 그 후속기가 될 F-35A는 당초 소요 수량을 48대로 잡았지만, 현재는 56대로 증가해서 3개 비행대대의 전력을 유지할 계획이다. 다만, 배치 기지를 F-16과 동일한 2군데로 할지, 어느 한 군데에만 배치할지는 노르웨이 공군이 비행기지의 배치상황을 검토한 후 결정할 예정이다.

노르웨이가 F-35A의 도입을 결정한 당시에는 2016년부터 2020년에 걸쳐 도입예정분 모두를 인수하겠다는 계획을 세웠었다. 그러나 개발 작업이 늦어졌기 때문에 이 일정을 재검토하였고, 현재는 확실한 시기를 발표하지 않고 있다.

한편, F-16AM/BM은 2016년부터 퇴역할 예정이었지만, 대대적으로 구조를 개조하고 운용빈도를 줄여서 수명을 늘림으로써 F-35의 도입 시기에 맞춰 퇴역을 진행하도록 조치하는 중이다.

노르웨이 공군용 F-35A의 상상도. 노르웨이에서는 F-16AM/BM의 후속으로 56대를 배치할 계획인데, 이 수량은 F-35를 도입하기로 예정한 SDD 가맹국 가운데 가장 적다.

(사진 제공 : 록히드 마틴)

터키

터키 공군은 현재 170대의 F-16C, 41대의 F-16D, 40대의 F-4E, 48대의 F-4E 2020을 전투기로 보유하고 있다. 그중 F-16C/D는 현재도 터키 국내에서 조립하고 있으며, 2011년부터 2013년에 걸쳐 F-16C 14대와 F-16D 16대를 증강할 예정이다. 또한, F-4E는 1973년부터 182대를 도입해서 그중 54대는 레이더를 변경하거나 F-16에 준하는 전자기기를 장착하는 등 MLU 개조를 실시했다. 이것이 F-4E 2020이며, 터미네이터라는 애칭으로 부른다. **2020**은 2020년까지 운용할 수 있다는 뜻이므로, 개조를 하지 않은 F-4E를 고려하면 그 이전에 새로운 전투기를 도입해야 한다. 따라서 터키는 F-35A를 대체기로 삼겠다는 방침을 굳히고, 2002년 7월에 F-35의 SDD 작업에 레벨 3의 파트너로 참가했다. 그리고 2007년 1월에는 제작 · 유지 및 지속 개발(production, sustainment and follow-on development, PSFD)에 대한 참가에 관해서도 양해각서를 체결하고, F-35 프로그램에 더욱 관여했다. 터키 공군은 현재 에스키셰히르 기지의 제1 주 제트기지에 제111비행대대(F-4E 2020)와 제112비행대대(F-4E), 코니아 기지의 제3 주 제트기지에 제132비행대대(F-4E 2020), 말라티아 에르하치 기지의 제7 주 제트기지에 제171비행대대(F-4E 2020) 등 4개 비행대대에서 F-4E를 운용한다. 이 F-4E를 100대의 F-35A로 교체할 계획이다. 터키 공군에서는 F-35A를 2014년부터 2023년에 걸쳐 인수하기를 희망하지만, 아무래도 늦어질 듯하다.

터키는 항공산업의 육성과 발전에 힘을 쏟아, F-16C/D를 국내에서 조립생산을 하고 있다. F-35A도 부분적으로 터키 국내에서 제작할 수 있도록 해달라고 요구하고 있다. 2007년 2월에는 노스롭 그루먼과 터키항공산업(turkish aerospace industries, TAI)이 중앙동체 제작에 관한 각서를 교환했다. 이는 앞으로 양산될 F-35 일부에 노스롭 그루먼이 제작하는 중앙 동체부를 TAI가 대신 제작해서 록히드 마틴에 납품한다는 내용이며, 후에 본 계약을 맺어 400대분 정도의 중앙 동체를 TAI가 제작할 것으로 보인다. 또한, F135 엔진에 관해서도 프랫 & 휘트니와 터키의 각 기업이 협상을 진행해서, 팬의 부품이나 일체형 블레이드 로터의 일부를 터키 국내에서 제작할 것을 검토하고 있다.

터키 공군용 F-35A의 상상도. 터키에서는 F-35A 동체 프레임의 일부나 엔진을 국내에서 제작하기를 희망한다. F-35의 도입을 국내 항공산업의 발전으로 연결하려는 의도이다.

(사진 제공 : 록히드 마틴)

이스라엘

F-35 SDD 작업의 가장 낮은 레벨인 보안협력참가국(SCP)으로 참여한 이스라엘은 2010년 8월에 국방장관이 F-35A의 구입을 승인했다고 발표했다. 이는 현재 이스라엘 항공우주군이 운용하는 F-16A/B(이스라엘 군 명칭으로는 네츠)의 후속 전투기로 삼기 위한 것으로, 당초 발표에서는 우선 20대의 구입을 승인했지만 현재는 19대로 변경되었다. 또한, 이스라엘은 네츠를 1980년부터 1인승(F-16A) 103대, 2인승(F-16B) 22대, 총 125대 도입했다. 현재도 1인승 88대, 2인승 16대를 운용하며, 최종적인 후속기 수량은 75대가 될 예정이다.

그리고 이스라엘은 F-16C/D도 운용하는데, F-16C는 이스라엘 국내 명칭이 바라크이며, 81대를 도입해서 현재는 75대를 보유하고 있다. F-16D는 이스라엘 국내 명칭이 바라키트이며, 54대를 도입해서 현재는 46대를 보유하고 있다. F-16은 가까운 장래에 대체할 항공기가 필요해질 것이다. 그리고 되도록이면 F-35로 대체하려는 것이 이스라엘 측의 희망이다. 이 것이 실현된다면 200대 규모의 F-35A를 운용할 가능성이 있다.

이스라엘은 네츠를 대체할 항공기를 F-35A로 정하고자 하는 사안에 대해 2006년 중반에 검토를 개시했다. 하지만 그 당시 이스라엘이 어림잡은 가격은 1대당 약 5,000만 달러였다. 그 후로 가격이 상승하자 이스라엘은 가격을 예산에 맞추기 위해 전자기기들을 이스라엘제로 변경할 것을 검토하게 되었다. 예를 들어, 노스롭 그루먼제 AN/APG-81 능동식 전자주사배열레이더를 이스라엘의 엘타가 개발하는 AESA 레이더로 변경할 것을 고려했지만, 가격을 낮출 수 없고 오히려 개발비가 들어가기 때문에 현명한 대안이 아니라고 판단했다. 따라서 최종적으로 발주하기로 결정한 19대는 미국 공군용과 기본적으로 동일하게 하기로 했다. 하지만 앞으로 이스라엘이 도입 수량을 늘릴 때 이스라엘제 장비가 장착될 가능성이 없지는 않다. F-35A 19대의 발주단가는 1억 3,500만 달러이다. 이스라엘은 이 19대를 2015~2017년에 인수하기를 희망하지만, 희망대로 인수할 수 있을지는 미정이다.

이스라엘은 초기 F-16A/B 네츠의 후속기로 F-35A를 선정하고 75대를 도입하겠다고 계획했다. 하지만 도입 수량이 늘어날 가능성도 충분히 있다. (사진 제공 : 이스라엘 항공우주군)

잠재적인 구입국

지금까지 설명한 각국 외에도 F-35의 도입을 검토하는 국가가 많다. 그런 국가들은 다음과 같다.

- **그리스**

  그리스는 일단 유로파이터 타이푼 60대를 도입하기로 결정했지만, 재정난 때문에 계획을 백지화했다. 현재는 타이푼 외에 F-35A와 F/A-18E/F 슈퍼 호넷의 제안을 받았는데, 결정 시기는 전혀 알려지지 않았다.

- **한국**

  한국은 F-16C/D, F-15K를 도입해서 전투기를 계속 갱신하고 있지만, 아직 다수의 F-4E, F-5E가 남아 있다. 그래서 그 후속기로서 신세대 전투기를 도입할 계획이다. 유력한 후보는 F-15 SE(사일런트 이글), 유로파이터 타이푼, 그리고 F-35A이다. 앞으로 기종 선정 작업이 진행될 예정이다.

- **싱가포르**

  이스라엘과 함께 F-35 SDD 작업에 SCP로 가맹했다. F-5S 20대와 F-16C/D 60대의 후속기로 F-35A를 도입할 것을 검토한다. 현재와 동일한 기수를 유지하려면 한꺼번에 거액의 경비가 필요하기 때문에, 우선 F-5S의 후속기를 2013년경 결정할 예정이다.

- **일본**

  방위성은 항공자위대에서 운용하는 F-4EJ kai의 후속 전투기 계획을 2004년 12월에 발표했고, 2009년까지 기종을 선정해서 발주하기로 계획했다. 그러나 그 후 작업이 오래 미뤄져서 아직 기종을 선정하지 못했다. 방위성에서 2011년 4월 13일에 새로운 전투기에 대한 제안요청서를 보냈기 때문에, 2011년 말에는 기종을 결정할 수 있을 것으로 보인다. 제안된 기종은 F/A-18E/F 슈퍼 호넷,

유로파이터 타이푼, 그리고 F-35A이다. 기본적으로는 F-4EJ kai를 새로운 전투기로 교체하는 2개 비행분대(42대)를 2016년부터 배치할 계획이다. 또한, 일본의 산업계는 되도록이면 국내 제작을 희망한다.

- **스페인**

유로파이터 계획의 가맹국인 스페인은 현재 유로파이터의 도입을 추진한다. 하지만 곧 F/A-18A/B의 후속기가 필요해지는 시기가 올 것이다. 현시점에서는 유로파이터의 수량을 증가할 예정은 없고, 다른 전투기로 바꾸고자 한다. F-35A가 유력한 후보기 가운데 하나이다.

싱가포르 공군의 마크가 그려진 F-35A의 실물 크기 모형. 싱가포르도 이스라엘과 함께 SCP로서 F-35 프로그램에 참가했다. (사진 : 아오키 요시토모)

COLUMN

수출용 전투기란?

제트 전투기를 개발하는 데에는 높은 기술력과 고액의 개발비를 감당할 수 있을 만큼의 강력한 경제력이 필요하기 때문에, 아무 국가나 전투기를 개발할 수는 없다. 따라서 미국, 러시아, 중국 등 항공 대국은 여러 동맹국의 방위력을 유지 · 강화하기 위해 전투기를 공급한다. 미국에서는 이전에 F-5A~D 프리덤 파이터와 그 발전형인 F-5E/F 타이거 II 등 수출 전용 전투기도 개발해서 판매했다. 그러나 오늘날에는 수출 전용기를 개발하기보다 국내에서 사용하는 것과 동일한 기종을 수출하는 편이 합리적이고, 전투기를 도입하는 국가 측에서도 환영받는다. 따라서 수출 전용기는 더 이상 개발되지 않는다.

1인승이며 비교적 값이 싼 F-16 파이팅 팰컨은 24개국에 수출되었다. 그리고 F-35는 앞으로 F-16 파이팅 팰컨을 능가하는 수출 전투기가 될 것으로 기대된다.

F-35는 F-16과 마찬가지로 수출 전투기로서도 성공할 것으로 기대된다. 사진의 제일 앞쪽은 요르단 공군의 F-16A이다.
(사진 제공 : 록히드 마틴)

제6장

F-35의 라이벌

F-35 외에도 각국에서 제작 · 실용화되는 전투기는 많다. 이 장에서는 아직 개발 단계에 있거나, F-35와 같은 시대에 운용되거나, 때로는 수출 시장에서 F-35와 경쟁하게 될 새로운 전투기들을 소개한다.

청두 FC-1

[FC-1의 제원]

전폭: 9.47m(익단 미사일 포함) • 전장: 14.97m • 전고: 4.78m, 주날개 면적: 24.4m^2 • 자체 중량: 6,411kg • 최대 이륙 중량: 12,474kg • 엔진: 클리모프 RD-93(드라이 추력 49.4kN • 애프터버너 추력 81.4kN)×1 • 최대 속도: 마하 1.6 • 실용 상승 한도: 15,240m • 전투행동반경: 1,200km(공대공 전투)/700km(공대지 전투)

FC-1의 기원은 슈퍼 F-7이라는 1980년대 중반에 수립된 섬격 7형 개량 계획이다. 기수 부분의 공기 흡입구를 동체 옆면으로 이동하는 등 설계를 대대적으로 변경했다. 그리고 1988년 10월에는 미국과 레이더 등의 전자기기 공급 계약을 맺었다. 그러나 1989년에 톈안먼 사태가 발생하자 미국은 중국의 민주화 탄압과 인권 문제를 거론하며 계약을 파기했고, 슈퍼 F-7 계획은 암초에 부딪혔다.

하지만 중국은 수요가 많은 값싼 단발전투기 연구 작업을 계속했다. 그리고 1995년에 슈퍼 F-7의 흐름을 잇는 새로운 전투기 계획으로 FC-1이라는 전투기를 발표했다. FC-1은 슈퍼 F-7과 달리 거의 완전히 새로 설계한 전투기라고 할 수 있다. 기수에 대형 레이돔을 설치하고, 공기 흡입구를 동체 좌우에 배치했으며, 흡입구에서 주날개를 향해 기다란 전연 부착부 연장 부위(스트레이크)를 두었다. 수평안정판은 섬격 7형에서는 주날개보다 높은 위치에 부착하였지만, FC-1은 주날개보다 낮게 배치했다. 이는 운동성을 높이기 위한 조치이다. 또한, 초기 모형의 공기 흡입구는 경계층 제어판을 설치했지만, 후기형은 다이버터리스형으로 변경하였다. 기수에는 이스라엘 엘타 EL/M-2032나 중국 KLJ-10 멀티 다모드 레이더를 장착했고, 엔진은 러시아의 클리모프 RD-33을 라이선스 생산한 RD-93을 장착했다. 무장장착 스테이션은 7군데 있고, 공대지/공대함 유도탄을 포함한 다양한 무장을 운용할 수 있다. 정밀유도무기 운용 능력도 갖췄다. FC-1은 수출용으로 개발하여 중국군에는 배치되지 않는다.

FC-1은 완전히 새로 설계한 기종인 만큼 개발하는 데 시간이 많이 들었고, 1호가 초도비행을 한 때는 2003년 8월 25일이었다. 처음으로 구입한 국가는 파키스탄인데, 2007년 3월부터 인수해서 운용하고 있다. 파키스탄 공군에서는 JF-17 선더라고 부른다. 150대 정도만 도입할 계획이었으나 200~250대로 늘릴 것을 검토 중이며, 일부는 파키스탄 내에서 조립한다.

중국이 개발한 수출 전용 전투기 FC-1. 값이 싼 것이 큰 특징이다. 커버를 씌워서 잘 보이지 않게 해 둔 공기 흡입구는 다이버터리스형이다. 사진은 파키스탄 공군의 JF-17이다.

(사진 : 아오키 요시토모)

청두 섬격 10

[섬격 10A의 제원(추정)]

전폭: 9.70m • 전장: 15.50m • 전고: 4.78m • 주날개 면적: 39.0m^2 • 카나드 면적: 5.5m^2 • 자체 중량: 9,730kg • 최대 이륙 중량: 18,500kg • 엔진: 사투른-률카 AL-31FN(드라이 추력 79.4kN, 애프터버너 추력 122.6kN)×1 • 최대 속도: 마하 1.85 • 실용 상승 한도: 18,000m • 전투행동반경: 463~556km

중국이 1986년 1월에 정식으로 독자 개발을 시작한 단발전투기이다. 무미익 델타와 카나드를 조합한 형상이고, 공기 흡입구는 앞부분 동체 아래에 있다. 이런 형상은 1980년대 중반에 이스라엘이 개발한 전투기 랍비와 동일하다(랍비의 기본 설계는 F-16을 토대로 했다). 랍비를 양산하지 못했기 때문에 이스라엘의 기술자가 중국으로 건너가 섬격 10형 개발에 협력했다는 정보도 흘러나왔다. 하지만 이에 관해서 중국은 전면 부정했다. 섬격 10형 1호는 1996년 중반에 초도비행을 했지만, 2호가 1997년에 추락하는 바람에 대폭적인 설계변경이 필요해졌다. 그렇게 설계를 변경한 3호는 1998년 3월 23일에 초도비행을 했고, 중국에서는 이 날을 섬격 10형의 공식 초도비행일로 인정한다. 2003년에 중국 인민해방군 공군에 인도됐고 2005년 12월에 양산형 섬격 10A를 실전배치하기 시작했다고 신화통신을 통해 발표했다.

엔진은 러시아의 사투른-률카 AL-31FN 터보팬이다. 기수의 레이더에 관해서는 여러 가지 설이 있는데, 많은 중국 정보원은 중국에서 만든 타입1471(KLJ-1)이라고 전한다. 기체 외부 무장장착 스테이션은 11군데 있고, 최대 4,500kg을 장착할 수 있다.

2006년에는 개량 발전형 섬격 10B를 공개했다. 엔진은 출력을 강화하고 추력 변향식 배기구를 장치한 AL-31FN M1으로 바꾸고, 기수의 레이더는 수동 전자 주사 배열 방식으로 장착했다. 캐노피 오른쪽에 적외선 수색 추적 장치(IRST)를 설치한 형태도 확인되었다. 또한, 공기흡입구는 경계층제어판을 없애고 중앙에 돌출부를 설치한 다이버터리스형으로 변경해서 스텔스성을 높혔다. 섬격 10형은 중국에서 실용화한 전투기 중 가장 최신형이며, 수량은 매년 증가한다. 현재는 180대 정도라고 여겨진다. 또한, 2006년 4월에는 파키스탄과 수출 계약을 맺고, 앞으로 36대를 인도할 예정이다. 파키스탄 공군에서는 FC-20이라고 부른다.

중국에서 독자적으로 개발한 섬격 10. 단발이며, 서유럽의 신세대 전투기와 동일한 특징을 갖췄다. 사진은 개량 발전형인 섬격 10B이다. 공기 흡입구가 다이버터리스형으로 변경되었다.

(사진 제공 : Chinese Internet)

청두 섬격 20

[섬격 20의 제원(추정)]
전폭: 약 12m • 전장: 약 21m • 전고: 약 4.5m • 주날개 면적: 약 53m² • 이륙 중량: 20,000kg급 • 엔진(시제기): 사투른-률카 99M2(애프터버너 추력 137kN급)

2010년 12월에 지상 시험 중인 사진이 인터넷에 여러 장 공개되어 그 존재가 밝혀진, 중국이 독자 개발한 대형쌍발전투기이다. 무미익 델타에 전동식 카나드를 조합한 형상이다. 수직안정판을 2개 설치한 설계도 눈에 띈다. 수직안정판은 기체의 크기에 비해 소형이지만, 수호이 T-50과 마찬가지로 전동식이다. 이런 형태로 충분한 방향타 효과를 얻을 수 있다. 전장이 매우 길어서 중앙 동체부위에 커다란 무장창(역자주: bomb bay, 폭탄창)을 설치할 수 있다. 또한, 연료 장착 수량도 늘릴 수 있으므로 기체 외부에 아무것도 장착하지 않고 큰 전투행동반경을 확보하는 것도 설계의 주안점 중 하나인 듯하다. 검은색에 가까운 짙은 녹색을 띠는 모습은 레이더파 흡수 소재로 코팅해서 높은 스텔스성을 갖췄음을 암시하지만, 중국이 어느 정도의 스텔스 기술을 보유했는지는 전혀 알려져 있지 않다. 또한, 스텔스성에는 불리한 카나드를 사용했다는 점이 의문으로 남는다.

엔진은 애프터버너 추력이 176.5kN급인 WS-15 터보팬을 개발했다고는 하지만, 전투기개발 작업시기와 맞지 않아서 시제기에는 사투른-률카 AL-31F의 발전형인 99M2를 사용한 것으로 보인다. 그리고 배기구는 사진에서는 추력 변향식이 아니다. 공기 흡입구는 다이버터리스형을 사용한다. 다이버터리스형 공기 흡입구는 스텔스성 확보에는 효과가 있지만, 최대 속도 성능이 저하되기 때문에 이런 전투기에는 부적합하다고 할 수 있다. 하지만 섬격 20은 굳이 이런 형태를 사용하고 있다. 시제기에는 레이더 등의 전자 기기를 장착하지 않은 듯하지만, 양산형은 타입1475(KLJ5) 능동 전자 주사 배열(AESA) 레이더를 중국이 독자 개발해서 사용하기로 했다고 전해지고 있다.

섬격 20은 당초 2011년 1월 11일에 초도비행했다고 보도했었지만, 그 후에 중국 공군사령관이 그것은 4번째 비행이며, 2009년 10월 중순에 이미 초도비행을 했다고 언급했다. 또한, 그는 2014년부터 양산을 시작해서 2015년 가을부터 부대 배치를 시작할 계획이라고 밝혔다.

2010년 12월에 존재가 확인된 섬격 20. 중국에서 개발 중인 최신 전투기이다. 높은 스텔스성을 강하게 의식한 설계를 엿볼 수 있다. (사진 제공 : Chinese Internet)

ADA 테자스

[테자스의 제원]

전폭: 8.20m • 전장: 13.20m • 전고: 4.40m • 주날개 면적: 약 38.4m^2 • 자체 중량: 6,400kg • 최대 이륙 중량: 9,600kg • 엔진: GTRE GTX-35VS(드라이 추력 52.0kN, 애프터버너 추력 80.5kN)×1 • 최대 속도: 마하 1.8 • 실용 상승 한도: 15,240m 이상

테자스는 1983년에 인도 정부가 승인함으로써 개발하기 시작한 인도 전투기이다. 처음에는 경량전투기(light combat aircraft, LCA)로 불렀으며, 1988년까지 기본적인 계획의 개요가 정리되었다. 그러나 그 후의 작업이 매우 늦어져, 1990년 4월에 예정되었던 1호의 초도비행을, 그로부터 10년 이상 흐른 2001년 1월 4일에 시행했다. 또한, 그 후의 개발 시험 작업에서도 어려운 문제들이 속출해서 양산 1호는 2007년 4월 25일이 되어서야 초도비행을 했다. 2011년 1월 10일에 겨우 인도 공군에 실전 취역하기 시작했다. 처음의 실용화 계획에서 15년 이상 늦었지만 기본 설계나 장비는 변함이 없기 때문에 최신예 전투기라고는 할 수 없다. 하지만 인도가 독자적으로 초음속 전투기를 개발한 것은 사실이다.

기체는 무미익 델타 구성이다. 주날개는 전연 후퇴각이 안쪽에서 부드럽고 바깥쪽에서 심해지는 2중 후퇴날개이다. 후퇴각이 심해지는 부분에 공중전 플랩을 두어 운동성을 향상한다. 엔진 공기 흡입구는 전연 후퇴각이 부드러운 주날개 부분 아래의 동체 양쪽 면에 위치한다. 간소한 고정식 공기 흡입구이다. 엔진도 역시 인도에서 독자적으로 개발한 GTX-35VS 카베리 터보팬이 사용된다. 개발용 시험기는 제너럴 일렉트릭 F404를 장착했다. 기수에 장착하는 레이더도 인도의 독자적인 개발품이며, 이 레이더 개발 작업도 매우 늦어져, 초기 생산형에는 이스

라엘제 레이더를 장착했다. 또한, 인도가 자체 개발한 레이더는 실용화 될 가능성이 희박하여 개발 계획이 중단될 가능성도 있다. 기체외부 무장장착 스테이션은 8군데이며, 최대 3,650kg을 장착할 수 있다. 공대공 · 공대지 미사일, 각종 정밀유도무기의 운용능력도 갖출 예정이다.

테자스는 인도 공군용으로 개발한 전투기이며, 인도 공군에서는 테자스A를 200대 정도 운용할 예정이다(이 외에 훈련형 20대도 예정). 인도 공군은 2011년 11월 11일에 테자스가 초도작전능력(IOC)을 획득했다고 발표했다. 또한, 인도 해군도 함상용 테자스N을 40대 도입할 계획이다.

인도가 독자적으로 개발한 무미익 델타형 단발전투기 테자스. 개발 작업이 매우 늦어졌지만, 2011년 11월 11일에 IOC를 획득했다고 발표되었다. (사진 제공 : ADA)

미그 MiG-35 '펄크럼 F'

[MiG-35의 제원]

전폭: 약 15m • 전장: 약 19m • 전고: 약 6m • 공허 중량: 17,500kg • 최대 이륙 중량: 29,700kg • 엔진: 클리모프 RD-33MK(드라이 추력 53.0kN, 애프터버너 추력 88.3kN)×2 • 최대 속도: 마하 2.3 • 실용 상승 한도: 18,900m • 항속 거리: 2,000km

1977년 10월 6일에 시제기가 초도비행을 하고, 1983년부터 소련 공군에 배치하기 시작했던 쌍발전투기 MiG-29 '펄크럼'의 최신 발전형이 MiG-35이다. 기본적인 기체 형상은 MiG-29와 동일하고, 디지털식 플라이 바이 와이어 조종 장치는 MiG-29의 발전형인 MiG-29M을 계승했다.

MiG-29 시리즈와 큰 차이점은 장착 전자기기를 완전히 새롭게 바꾸었다는 것이다. 레이더는 능동 전자 주사 배열(AESA) 방식의 파조트론 주크 AE로 변경했고, 적외선 수색 추적(IRST) 장치는 새롭게 설계된 광학식 위치 파악 시스템(optical line scanner, OLS)이 되었다. 그리고 양쪽 주날개 끝에는 레이저 조사 탐지 장치를 설치하였다. 주크 AE 레이더는 공중 표적은 160km, 함선은 300km의 거리에서 포착할 수 있다. 공대공 모드에서는 여러 표적을 동시에 추적하고 동시에 교전할 수 있는 능력을 갖췄고, 공대지 모드에서도 여러 표적을 동시에 공격할 수 있을 뿐 아니라 고해상도 지상 영상을 띄울 수도 있다. 일종의 센서인 OLS도 공대공과 공대지 표적에 사용할 수 있고, 공대공에서는 애프터버너를 사용하지 않는 표적이라도 45km 이상의 거리에서 탐지할 수 있으며, 8~10km에서 표적을 식별할 수 있는 능력을 갖춘 것으로 보인다. 또한, 공대지에서는 전차 사이즈의 표적을 15km, 항공모함 사이즈는 60~80km의 최대 탐지 거리 능력을 갖췄고, 식별 거리는 전차급이 8~10km, 항공모함급이 40~60km라고 한다. OLS는 적외선 센서와 텔레비전 센서로 구성되어 있는데, 각각을 개별적으로 사용하거나 병용함으로써 능력을 발휘할 수 있다. 센서는 기수부 캐노피 안의 윗면과, 오른쪽 공기 유입 덕트 아랫부분에 장착되어 있다.

엔진은 애프터버너 추력 88.3kN의 클리모프 RD-33MK를 장착했고, 3차원 방식의 추력 변향식 배기구를 갖춰서 운동성을 높였다. 그리고 이 엔진과 배기구를 개발하기 위해 MiG-29OVT라는 시험기를 만들어서 비행시험에 이용했다. 무기 장착용 스테이션은 MiG-29와 마찬가지로 9군데이다. 2인승 MiG-35D도 개발하였다. MiG-35는 현재 인도 공군용으로 제안되어 기본적으로는 수출용으로 여겨지지만, 장래적으로 러시아 공군도 장비할 가능성이 있다고 전해진다.

MiG-29 '펄크럼'에 능력을 대폭 가미한 MiG-35 '펄크럼 F'. 수출에 주안점을 두고 개발했지만, 러시아 공군에서도 도입한다는 소문이 있다. 사진은 2인승 MiG-35F이다. (사진 제공 : MIG)

수호이 Su-30M/MK '플랭커 F/G/H'

[Su-30MKI의 제원]

전폭: 14.70m • 전장: 21.94m(기수 프로브 제외) • 전고: 6.355m • 주날개 면적: 62.0m² • 자체 중량: 17,700kg • 통상 최대 이륙 중량: 34,500kg • 엔진: 사투른-류카 AL-31FP(드라이 추력 74.5kN, 애프터버너 추력 122.6kN)×2 • 최대 속도: 마하 2.3 • 실용 상승 한도: 17,300m • 항속거리: 3,000km(기내 연료만으로)

Su-30M은 러시아의 항공기 제작사 수호이가 개발한 대형 제공 · 요격 전투기 Su-27 '플랭커'의 2인승 프레임을 활용해서 만든 다용도 전투기이다. 기수에 최대 탐지 거리 100km의 N001토파즈 레이더를 장착했고, 공대지 무기 유도용의 각종 전자기기를 장착했다. 이 장비로 레이저 유도와 텔레비전 유도 방식의 공대지 미사일과 폭탄을 운용할 수 있다. 엔진은 애프터버너 추력 122.6kN의 사투른-류카 AL-31FP 터보팬을 사용한다.

Su-30M에 카나드를 달고 엔진 배기구를 추력 변향식으로 만들어서 운동성을 향상한 것이 Su-30MK 시리즈이며, 현재 생산 중인 형상이다. 엔진 명칭은 AL-31FP로 바뀌었지만, 추력은 동일하다. Su-30MK의 인도 공군용이 Su-30MKI이다. 1997년 3월부터 배치하기 시작했다. 인도 국내에서 생산한다. 인도 공군용은 단계적으로 능력을 높인 4가지 형태를 만든다. 처음에는 개별적인 명칭이 따로 있었지만, 현재는 Su-30MKI로 통일하였다.

중국용의 Su-30MKK는 공대지 기능을 확장한 N001VE를 Su-30MK의 레이더로 활용하고, 전자 광학식 표적 지시 포드를 운용할 수 있도록 하였다. 2000년 12월부터 배비하기 시작했다. 이를 해군용으로 만든 것이 Su-30MK2이며, 대함 공격 능력을 추가하고, M400 정찰 시스템 포드를 운용할 수 있도록 했다. 또한, 레이더는 공대공과 공대지 양쪽 기능을 병용할 수 있게 하였다. 그리고 레이더를 전자 주사 배열 방식의 주크 MSE로 변경하고 최대 이륙 중량을 38,000kg으로 증강한 Su-30MK3도 개발하였다.

말레이시아 공군이 장비한 Su-30MKM은 기본적으로 Su-30MKI와 동일하지만, 남아프리카공화국제의 경보장치를 장착했다는 점이 다르다. 알제리 공군의 Su-30MKA는 Su30MK를 토대로 했지만, 일부 전자기기가 프랑스제이다. 베네수엘라 공군의 Su-30MKV와 베트남 공군의 Su-30MK2V는 중국 해군용의 Su-30MK2와 동일하다.

Su-27 '플랭커'를 본격적인 다용도 전투기로 만든 것이 Su-30M 시리즈이다. 사진은 중국 인민해방군 공군이 120대 이상 운용하는 Su-30MK2이다. (사진 제공 : Chinese Internet)

수호이 Su-35 '플랭커 E'

[Su-35S의 제원]

전폭: 15.30m • 전장: 22.22m • 전고: 5.90m • 주날개 면적: 62.0m² • 자체 중량: 18,400kg • 최대 이륙 중량: 34,500kg • 엔진: 사투른 117S(드라이 추력 86.3kN, 애프터버너 추력 142.2kN)×2 • 최대 속도: 마하 2.25 • 실용 상승 한도: 18,000m • 항속 거리: 3,590km(저공비행 시)/4,500km(최대)

Su-35는 1인승 전투기 Su-27 '플랭커 C'에 카나드를 설치한 다용도 전투기로, 1988년 6월 28일에 초도비행을 했다. 그리고 엔진 배기구를 추력 변향형으로 바꾸고, 장착하는 전자기기의 성능을 높인 Su-37도 시험 제작하였다. 하지만 이들은 모두 실용화되지 못했다.

한편, 수호이는 2006년 11월에, 2007년부터 Su-35의 새로운 형태를 비행시험하겠다고 발표했다. 이 새로운 형태는 완성이 늦어져 2008년 2월 19일에 초도비행을 했는데, 오늘날 Su-35로 불리는 기종은 이 형상이다. 신형 Su-35는 러시아 공군과 48대를 양산 계약해서 Su-35M이라고 명명될 예정이다(Su-27M이 될 것이라는 정보도 있다).

새로운 Su-35는 기수에 수동 전자 주사 배열 레이더인 이르비스E를 장착한다. 이 레이더는 공대공, 공대지 모두 740km의 최대 탐지 거리를 지니며, 공대공 모드에서는 최대 30개의 표적을 동시에 탐지 · 추적할 수 있다. 공대지 모드에서는 고해상도 지상 매핑 영상을 제공하는 능력을 지닌다. 또한, 최신 전자전 시스템, 조준 · 항법 장치, 헬멧장착식 목표 지시 장치, 광학식 위치 파악 장치도 장착해서, 본격적인 다용도 작전 능력을 갖췄다. 그리고 기본 설계는 Su-27을 답습했지만, 레이더에 대한 스텔스성을 높이는 기술을 도입했다. 엔진은 AL-31F를 개량한 사투른 117S(애프터버너 추력 142.2kN)를 사용한다. 기체 외부에는 총 12군데의 무장 스테이션이 있고, 장착할 수 있는 무장은 Su-30M/MK에 준한다. 공군의 비행시험은 2011년에 예정되어 있다. 2015년에는 작전 부대로 배치하기 시작해서, T-50(192쪽 참조)이 본격적으로 취역할 때까지 Su-27 시리즈와 함께 러시아 공군의 주력 전투기로 운용될 것으로 보인다.

수호이가 개발하는 신세대형 Su-35. 기본 설계는 Su-27을 계승했지만, 레이더를 비롯한 전자기기의 능력을 향상했다. (사진 제공 : 수호이)

수호이 T-50

[T-50의 제원]

전폭: 14.7m • 전장: 20.8m • 전고: 5.1m • 주날개 면적: 78.8m² • 자체 중량: 18,500kg급 • 이륙 중량: 24,000kg(통상)~33,000kg(최대) • 엔진: 사투른 117S(드라이 추력 96.0kN, 애프터버너 추력 150kN급)×2 • 최대 속도: 마하 2 이상 • 초음속 순항 속도: 마하 1.6 • 실용 상승 한도: 20,000m • 전투행동반경: 1,200km

러시아 공군의 전술 공군용 장래 항공 전투 복합체(PAK FA) 프로젝트에서 2002년 4월에 수호이가 개발 담당 기업으로 선정되어 개발한 전투기이다. 미국의 F-22에 대항할 수 있는 신세대 전투기를 목표로 했기 때문에 F-22보다 크지만, 기본적인 구성은 매우 닮았다. 높은 운동성과 스텔스성을 겸비했다고 알려졌다. 주날개는 F-22와 매우 유사한 모접기 날개 형태이며, 전연 스트레이크는 F-22보다 크다. 또한, 두 개의 엔진은 뒷부분 동체에 간격을 넓게 배치했고, 이 부분에서도 양력이 생성되도록 설계함으로써 운동성을 향상하고 항속거리를 연장할 수 있게 했다. 엔진은 사투른 117S이며, 배기구는 3차원 추력 변향 기구를 갖췄다. 공기 흡입구는 좌우 주날개 앞쪽 가장자리 부착부의 연장부 아래에 있는데, 마름모꼴의 고정식 흡입구이다. 꼬리날개는 수평안정판과 2개의 수직안정판을 조합했으며, 모두 전동식이다.

레이더는 새로 개발한 능동 전자 주사 배열(AESA) 방식이다. 그 성능은 공표되지 않았다. 하지만 최대 탐지 거리가 약 400km이고, 32개의 공중 표적을 동시에 탐지할 수 있고, 그중 8개와 동시에 교전할 수 있다고 알려졌다. 이 레이더와 더불어, 적외선과 레이저의 복합 시스템으로 적외선 수색 추적(IRST) 기능과 레이저 거리 측정/표적 지시 능력을 겸비한 광학식 위치 파악 시스템(optical locator system, OLS)도 장착했다.

T−50도 높은 스텔스성을 유지할 수 있도록 무장은 동체에 내장하는 것이 기본이다. 따라서 중앙 동체부에 전연과 나란히 2개의 커다란 무장창이 있고, 좌우 주 랜딩기어 수납실 앞쪽에 작은 보조 무장창도 설치하였다. 또한, 주날개 아래와 동체 아래에 6군대의 기체 외부 무장 스테이션도 갖췄다. 무장창에는 공대공 미사일뿐만이 아니라 공대지 미사일이나 정밀유도폭탄도 운용할 수 있다. T−50의 1호는 2010년 1월 29일에 초도비행을 해서 본격적인 양산 태세에 들어갔고, 러시아 공군에 배비하기 시작하는 때는 2015~2017년이 될 전망이다.

수호이가 최신세대 전투기로 개발한 T−50. 미국의 F−22에 필적하는 능력을 갖추는 것이 개발 목표이다. 사진은 2011년 3월 3일에 초도비행을 한 2호이다. (사진 제공 : 수호이)

사브 JAS39 그리펜

[JAS39A의 제원]

전폭: 10.90m(익단 미사일 레일 포함) • 전장: 15.27m • 전고: 5.34m • 주날개 면적: 45.70m² • 자체 중량: 9,850kg • 최대 이륙 중량: 24,500kg • 엔진: SNECMA M88-2E4(드라이 추력 48.7kN, 애프터버너 추력 72.9kN)×2 • 최대 속도: 마하 1.8 • 실용 상승 한도: 16,765m • 전투행동반경: 1,056km(저고도 침공)/1,760km(공대공)

스웨덴이 독자적으로 설계한 신세대 전투기이다. 1982년 5월에 개발을 시작하였다. 소형 · 경량이고 가격이 저렴하다. 한 항공기로 여러 임무를 수행할 수 있도록 함으로써 비용 대 효과를 높이는 데 개발의 주안점을 두었다. 항공기 명칭에 사용하는 JAS는 스웨덴어로 전투(jakt), 공격(attack), 정찰(spaning)의 머리글자를 조합한 것이다. 그리펜은 카나드형 무미익 델타라는 서유럽 전폭기들과 같은 형상을 채택했지만, 서유럽의 다른 항공기들이 쌍발형인 데 비해 종래의 스웨덴제 전투기와 마찬가지로 단발형으로 설계했다. 엔진은 볼보 플리그모터사의 RM12이다. 이는 제너럴 일렉트릭 F404를 토대로 만든 것인데, 최대 추력이 애프터버너를 사용할 때 71.2kN에서 80.5kN으로 13% 증가했고, 애프터버너 없이 드라이 상태에서 약 10% 증가한 54.0kN이다.

주요 센서는 에릭슨의 PS-05/A 멀티 다모드 펄스 도플러 레이더인데, 풍부한 공대공 · 공대지 기능을 갖췄다. 또한, 오늘날에는 능동 전자 주사 배열(AESA)방식 레이더도 개발하였고, 공대공용 적외선 수색 추적(IRST) 장치도 장착할 계획이다.

기체 외부의 무장 스테이션은 주날개 아래 양쪽에 2군데, 동체 아래에 2군데, 총 6군데이다. 그 외에 주날개 끝이 공대공 미사일 전용 스테이션이다. 동체 아래의 스테이션은 중심선 아래와 오른쪽 공기 흡입구 트렁크 아래에 있다. 왼쪽에는 기관포를 내장하기 때문에 스테이션을 설치하지 않았다. 정찰 임무를 할 때에는 동체 중심선 아래에 정찰 포드를 장착한다.

1988년 12월 9일에 초도비행을 했고, 양산형 1호도 1992년 9월 10일에 초도비행을 했다. 첫 생산형은 JAS39A(1인승)와 JAS39B(2인승)이다. 2인승은 뒷자리를 설치했기 때문에 27mm 기관포가 빠져 있지만, 그 외에는 1인승과 동등한 무장과 전투 성능을 갖췄다. 현재는 성능을 높인 JAS39C(1인승)과 JAS39D(2인승)가 제작하여, 성능을 더욱 향상한 그리펜 NG도 개발할 계획이다.

스웨덴이 독자적으로 개발한 신세대 단발전투기 JAS39 그리펜. 주날개 아래에 장사정 공대공 미사일, 미티어를 장착했다. (사진 제공 : MBDA)

다소 라팔

[라팔C의 제원]

전폭: 10.90m(익단 미사일 레일 포함) • 전장: 15.27m • 전고: 5.34m • 주날개 면적: 45.70m^2 • 자체 중량: 9,850kg • 최대 이륙 중량: 24,500kg • 엔진: SNECMA M88-2E4(드라이 추력 48.7kN, 애프터버너 추력 72.9kN)×2 • 최대 속도: 마하 1.8 • 실용 상승 한도: 16,765m • 전투행동반경: 1,056km(저고도 침공)/1,760km(공대공)

다소 라팔은 1980년대에 계획된 서유럽의 공동 전투기 개발 계획에서 탈퇴한 프랑스가 독자적으로 개발한 다용도 전투기이다. 카나드를 설치한 무미익 델타형 쌍발전투기이다. 주날개는 전연에서 약 48도의 후퇴각을 지니고, 후연은 약간의 전진각을 지닌다. 전동식의 카나드는 비행 상태에 따라 피치 제어를 할 수 있다. 착륙 장치가 내려오면 카나드의 부착각이 자동으로 20도 증가해서 착륙 진입 비행을 안정시키면서 착륙 속도를 떨어뜨려 단거리정지를 할 수 있도록 한다. 엔진은 SNECMA가 개발한 M88이며, 최대 추력은 드라이 시 48.7kN, 애프터버너 시 72.9kN이다.

기수의 레이더는 RBE2 전자 주사 배열 레이더인데, 수동식이다. 이 방식에서는 안테나를 구성하는 수많은 전자소자를 하나의 송수신 모듈만으로 제어하기 위해 능동식 같은 다른 모드를 병용할 수는 없지만, 고속으로 주사해서 복수 목표를 동시에 처리할 수 있고, 고화질 영상을 생성해서 지형을 파악할 수 있는 높은 능력을 갖췄다. 또한, 현재는 능동 전자 주사 배열(AESA) 방식으로 만든 RBE2 AA를 개발하여 2012년부터 장착할 예정이다. 그리고 레이더뿐 아니라 전방용 광학 센서(optronique secteur frontal, OSF)라는 적외선 수색 추적 장치도 갖췄다. 이

OSF도 레이더와 마찬가지로 장거리 탐지 능력, 복수 표적 추적, 목표 거리 측정 등의 기능을 지닌다. 무장 스테이션은 전부 14군데인데, 해군용 라팔M은 착함 갈고리를 장착해야 하기 때문에 1군데 줄어들어 13군데이다.

가장 먼저 F404 장비 기술 시범기인 라팔A를 만들어 1986년 7월 4일에 초도비행을 했고, 양산형 라팔C도 1991년 5월 19일에 초도비행을 했다. 냉전이 종결되어서 일선 배비 계획이 늦어졌지만, 2000년 9월에 우선 프랑스 해군에서 운용을 시작했고, 2006년 6월에는 프랑스 공군에도 배비하기 시작했다.

프랑스가 독자적으로 개발한 전투기 라팔. 무미익 델타와 카나드를 조합한 쌍발 다용도 전투기이다. 사진은 SPECTRA 방어 장치를 작동시킨 공군용 라팔C이다. (사진 제공 : MDBA)

유로파이터 타이푼

[타이푼의 제원]

전폭: 10.95m(익단 포드 포함) • 전장: 15.96m • 전고: 5.28m • 주날개 면적: 51.2m^2 • 자체 중량: 11,000kg • 최대 이륙 중량: 16,000kg(영격)/23,400kg(과하중) • 엔진: 유로제트 EJ200(드라이 추력 60.0kN, 애프터버너 추력 90.0kN)×2 • 최대 속도: 마하 2.0 • 실용 상승 한도: 16,764m • 전투행동반경: 602km(저고도 침공 공대지 공격)/1,389km(방공)

영국, 독일, 이탈리아, 스페인 등 유럽 4개국이 공동으로 개발한 신세대 전투기이다. 영국 공군용과 수출용에는 타이푼이라는 애칭이 붙는다. 그 외의 나라에서는 정식으로 타이푼이라고는 부르지 않지만, 여기에서는 편의상 타이푼이라고 칭하겠다. 타이푼도 라팔과 동일한 무미익 델타와 카나드를 조합한 쌍발 다용도 전투기이다. 엔진은(동체와 마찬가지로) 4개국의 엔진 제작사가 공동으로 설립한 유로제트에서 개발한 EJ200이다. 이 엔진의 최대 추력은 드라이 시 60.0kN, 애프터버너 시 90.0kN이다.

레이더도 역시 국제합병기업인 유로레이더에서 개발했다. 다모드 펄스 도플러 레이더 캡터를 기수에 장착했다. 전투기 크기의 표적은 최대 160km의 거리에서 탐지할 수 있고, 시험에서는 그 거리에서 20개의 공중표적을 동시에 추적하는 능력을 실증하였다(최대 표적 수는 미공개). 또한, 유로레이더는 캡터의 능동 전자 주사 배열(AESA) 방식 캡터E를 개발해서 2015년 실용화할 것을 목표로 삼는다. 이 레이더뿐 아니라 캐노피 앞쪽에는 수동식 적외선 공중 추적 장치(passive infrared airborne tracking equipment, PIRATE)도 장착했다. 이는 적외선 수색 추적 장치(IRST)인데, 공중 및 지상 표적을 추적해서 비행 항법용 전방 감시 적외선 영상을 생성하는 기능이 있다. 공중표적은 약 148km의 거리에서 탐지할 수 있고, 35~40km의 거리에서 표적을 식별할 수 있다.

외부 무장 스테이션은 주날개 아래와 동체 아래의 13군데이다. 주날개 끝은 방어 지원 서브시스템(defensive aids sub-system, DASS) 포드가 설치되어 있으므로 무기용 스테이션으로는 사용할 수 없다. 타이푼은 1994년 3월 27일에 개발용 1호가 초도비행을 했고, 2002년 4월 5일에는 양산 사양의 1호도 초도비행을 했다. 유로파이터 계획 가맹국의 일선 배치는 2003년 6월에 시작하였고, 오스트리아와 사우디아라비아에서도 운용하기 시작했다.

유럽 4개국이 공동으로 개발한 유로파이터. 사진은 독일 공군기로, 주날개 아래에 KEPD350 정밀 공격 순항 미사일을 장착했다. (사진 제공 : MBDA)

보잉 F/A-18E/F 슈퍼 호넷

[F/A-18E의 제원]

전폭: 13.68m(익단 미사일 포함. 날개가 접혔을 때에는 9.94m) • 전장: 18.38m • 전고: 4.88m • 주날개 면적: 46.45m^2 • 자체 중량: 14,552kg • 최대 이륙 중량: 30,209kg(육상 발진 시) • 엔진: 제너럴 일렉트릭 F414-GE-400(드라이 추력 55.6kN, 애프터버너 추력 97.9kN)×2 • 최대 속도: 마하 1.6 • 실용 상승 한도: 15,240m • 전투행동반경: 1,750km(고고도 침공 저지 공격)/1,472km(호위 전투)

F/A-18E/F 슈퍼 호넷은 1978년 11월 18일에 초도비행을 하고, 1980년 11월부터 미국 공군에 배비된 F/A-18 호넷을 대형화한 개량 발전형이다. 기본적인 형상은 호넷을 계승했지만, 전체적으로 20% 정도 대형화하였다. 기체 외부 무장 스테이션과 장착 가능 중량이 늘어났고, 전투 · 공격 능력이 높아졌으며, 주날개와 주날개 전연 부착부 연장부(leading edge extension, LEX)를 확대하여 운동성을 대폭 향상하였다. 대형화와 중량 증가로 인해 엔진도 추력이 큰 제너럴 일렉트릭 F414-GE-400(드라이 추력 55.6kN, 애프터버너 추력 97.9kN)으로 변경하였다. 그리고 엔진에 더욱 많은 공기 유입량을 확보하기 위해 공기 흡입구의 형상을 D자형에서 마름모꼴로 재설계하였다. 이는 슈퍼 호넷의 스텔스성 향상에도 이바지한다. 그 외에도 기체 각 부위에 스텔스성을 높이려는 조치를 추가하였다.

레이더는 초기 생산기에는 F/A-18C/D의 후기 생산형과 마찬가지로 기계식 안테나를 사용한 AN/APG-73 다모드 펄스 도플러 레이더였지만, 2006년 10월부터는 AN/APG-79 능동 전자 주사 배열(AESA) 레이더로 변경한 블록Ⅱ를 배비하기 시작하였다. 또한, 이 레이더를 장착한 2인승 F/A-18F은 앞자리와 뒷자리에서 서로 다른 모드를 동시에 사용할 수 있다. 그리고 포드식 AN/AAQ-228 발달형 목표 지시 전방 감시 적외선(advanced targeting forward looking infrared, ATFLIR) 장치도 장착하였다. 보잉에서는 수출용에는 추력 증가형 엔진, 전주형 미사일/레이더 경계 장치, 컨포멀형 연료탱크, 밀폐식 무장 포드, 내장식 전방 감시 적외선 장치, 신형 조종석 등을 선택 장비할 수 있는 **인터내셔널 로드맵**을 적용하는 발전형을 만들 수도 있다. 기체 외부 무장 스테이션은 양쪽 주날개 끝, 주날개 아래 양쪽의 3군데, 좌우 공기 흡입구 트렁크 아래, 동체 중심선 아래 등 총 11군데이며, 이 중 양쪽 주날개 끝은 공대공 미사일 전용 스테이션이다.

미국 해군의 함상 전투 공격기 F/A-18E/F 슈퍼 호넷. 사진 앞쪽이 2인승 F형이고, 사진 뒤쪽의 2대는 1인승 E형이다. F-35C가 실용화된 후에도 F-35와 짝을 이루어 함상 전투 공격기의 위력을 과시하고 있다. (사진 제공 : 미국 해군)

[A]

AAH(advanced attack helicopter) 발달형 공격 헬리콥터. 미국 육군의 신무장 헬리콥터 계획에서 AH-64 아파치가 채택되었다.

AARGM(advanced anti-radiation guided missile) 발달형 대전파원 유도 미사일. HARM의 발전형인 AGM-88E의 명칭이다.

ACF(air combat fighter) 공중전 전투기. F-16 파이팅 팰컨이 차지한 미국 공군의 새로운 전투기 계획의 명칭이다.

AESA(active electronically scanned array) 능동 전자 주사 배열. 레이더의 일종으로, 안테나를 다수의 전자소자로 구성하고 각 소자가 각각 송수신 모듈을 장착하는 형태이다. 신세대 전투기는 대부분이 이런 형태의 레이더를 장비한다.

A/F-X(next fighter/attacker) 차기 전투공격기. 후에 NCAF 계획이 된다.

AMRAAM(advanced medium range air-to-air missile) 발달형 중사정 공대공 미사일. AIM-120의 명칭이다.

AMRAAM
F-15C에서 발사된 AIM-120C AMRAAM (사진 제공 : 레이시언)

ASTOVL(advanced short take-off and vertical landing) 차기 단거리이륙 수직착륙(기). AV-8B 해리어 II 의 후속기 연구 프로그램이다.

ATF(advanced tactical fighter) 발달형전술전투기. F-22 랩터가 채택된 미국 공군의 새로운 전투기 계획이다.

ATFLIR(advanced targeting forward looking infrared) 발달형 표적 지시 전방 감시 적외선. 슈퍼 호넷이 장착한 표적 지시 및 적외선 센서 포드이다.

AWACS(airborne warning and control system) 공중경보통제시스템(기). 공중 표적을 탐

지하거나 아군기를 지휘 · 통제하는 항공기이다.

A-X(next attacker) 차기 공격기. A-10 선더볼트 II가 채택된 미국 공군의 새로운 공격기 계획이다.

[B]

BROACH(bomb royal ordnance augmented charge) 왕립 무장창 위력 강화형 폭탄. AGM-154에 사용되는 탠덤식 탄두이다.

BVR(beyond visual range) 시계 외 사정. 중사정을 뜻한다.

[C]

CALF(common affordable light-weight fighter) 공통 염가 경량 전투기.

CAS/JVC(control actuation system/jet vane controller) 제어 액추에이션 시스템/제트 베인 제어 장치. AIM-9X 미사일 로켓 모터의 배기 방향을 바꾸는 장치이다.

CATIA(computer aided three-dimensional interactive application) 컴퓨터 원용 3차원 인터랙티브 어플리케이션. 컴퓨터를 활용한 설계 기법이다.

CDP(concept demonstration phase) 개념 실증 단계. 실제로 실증용 항공기를 제작해서 설계 개념을 확인하는 작업이다.

CFD(computational fluid dynamics) 수치 유체 역학. 컴퓨터로 유체의 움직임을 수치 해석해서 시뮬레이션하는 설계 기법이다.

CMC(ceramic matrix composite) 세라믹 기지 복합재료. 엔진의 케이스 등에 사용되는 복합재료이다.

CTOL(conventional take-off and landing) 통상이착륙. 육상의 활주로를 이용해서 이착륙 시에 활주하는 형태의 항공기이다.

CV(carrier variant) 함상(기). 항공모함에서 이착륙하는 것을 기본으로 하는 해군용 항공기이다.

CVW(carrier air wing) 항공모함 비행단. 미국 해군의 항공모함에 배치되는 각종 임무기의 비행대대로 구성되는 부대이다.

[D]

DAGR(direct attack guided rocket) 직접 공격 유도 로켓. 70mm 로켓에 유도장치를 첨

가한 것이다.

DASS(defensive aids sub-system) 방어 지원 서브시스템. 유로파이터가 장착하는 방어용 기재이다.

DEAD(destruction of enemy air defense) 적 방공망 파괴. 적의 방공 경계용 레이더 시스템을 파괴하는 임무이다.

DSI(diverterless supersonic inlet) 다이버터리스 초음속 공기 흡입구. F-35에 사용되는 공기 흡입구의 형상으로, 경계층을 피하는 틈이 없는 고정식 공기 흡입구이다.

[E]

EHA(electro-hydrostatic actuator) 전기 유압 액추에이터. 전동식으로 내부에 독자적인 유압 장치를 갖춘 작동 장치이다.

EO DAS(electro-optical distributed aperture system) 전자광학 분배 개구 장치. F-35의 광학 장치에 의한 방어 및 탐지 장치이다.

EOTS(electro-optical targeting system) 전자광학 추적장치. F-35에 장착하는 전자광학 센서이다.

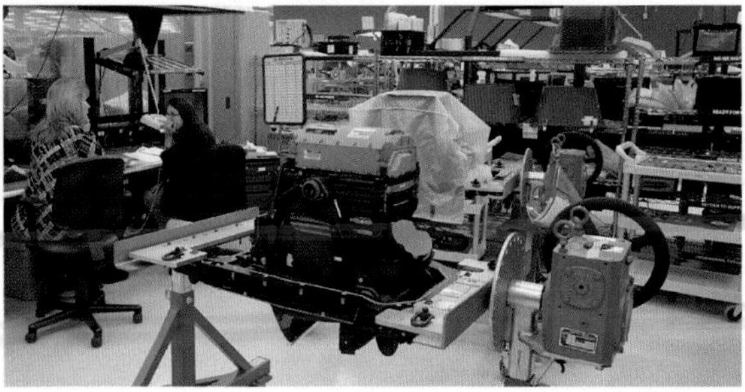

EOTS
록히드 마틴의 올랜도 공장에서 제작하고 있는 EOTS.
(사진 제공 : 록히드 마틴)

ER(extended range) 항속거리 연장. 무기에 대해 쓰일 때에는 사정거리 연장을 뜻한다.

ER(expanded response) 대항 확장. AGM-84E SLAM의 발전형인 AGM-84H의 명칭이며, 능력 향상을 의미한다.

EW(electronic warfare) 전자전. 전자 기기를 사용한 작전이나 전자 기기에 대항하는 작전이다.

[F]

FACO(final assembly and checkout facility) 최종 조립과 완성 검사.

FCLP(field carrier landing practice) 지상 항공모함 착함 연습 설비. 지상 기지에 설치한 모의 착함 시설이다.

FFAR(folding-fin aerial rocket) 소형 날개 접이식 공중 발사 로켓. 미군의 항공기 장착용 70mm 로켓의 통칭이다.

FLIR(forward looking infrared) 전방 감시 적외선 장치. 항공기용의 적외선 센서 가운데 하나이다.

FLM(focused lethality munition) 집중 파괴 탄약. SDB의 탄체 가운데 하나로, 파괴력이 미치는 범위를 한정적으로 만든 형태이다.

FRP(full rate production) 전 규모 생산. LRIP 계약에 이어, MYP 계약으로 진행하는 양산 작업.

[G]

GAINS(GPS-aided inertial navigation system) GPS 원용 관성항법장치. 페이브웨이 레이저 유도 폭탄에 첨가한 유도장치이다.

GPS(global positioning system) 위성항법장치. 인공위성을 사용한 항법 시스템이다.

[H]

HARM(high-speed anti-radiation missile) 고속 대전파원 미사일. AGM-88A~D의 명칭이다.

HMCS(helmet mounted cueing system) 헬멧장착 큐잉장치. 헬멧에 부착된 표적 지시 장치이다.

HMD(helmet mounted display) 헬멧장착 시현장치. 헬멧의 바이저에 정보를 투영 시현할 수 있도록 만든 장치이다.

HMSS(helmet mounted sighting system) 헬멧장착 조준장치. 헬멧에 달린 표적 지시 장치이다.

HOTAS(hands on throttle and stick) 일체형 조종간. 조종간과 스로틀 레버에서 손을 떼지 않고도 무기를 선택하거나 레이더의 모드를 변환하거나 조준 조작을 하는 등의 시스템 조작을

용이하게 할 수 있도록 만든 조작 방식이다.

HUD(head-up display) 전방시현장치. 조종석 계기판 위에 위치하며, 비행 제원이나 조준 정보를 표시하는 장치이다.

[I]

IBR(integrated blade rotor) 일체형 블레이드 로터. F135 엔진의 고압 압축기에 사용된다. 블레이드를 일체형으로 만든 로터 디스크이다.

IIR(imaging infrared) 영상 적외선. 목표물이 내뿜는 적외선(열)을 포착하고, 그 목표를 영상으로 인식하는 탐지 장치이다.

IOC(initial operational capability) 초도 작전 능력. 장비가 한정적이더라도 작전 능력이 인정되어 전력으로 삼을 수 있다는 뜻이다.

IRST(infrared ray search and track) 적외선 수색 추적 장치. 목표가 내뿜는 적외선(열)을 탐지함으로써 표적을 지속적으로 포착하는 센서이다.

[J]

J(joint) 합동. 이 책에서는 대부분 미국의 각 군(공군과 해군 등)이 하나의 프로그램을 공동으로 추진하고 무기를 장비하는 것에 J라는 약호를 단어 앞에 붙이는 경우를 가리킨다. JSF, JDAM 등.

JAGM(joint air-to-ground missile) 합동 공대지 미사일. 미국 해군과 육군이 공동으로 추진하는 신항공기 발사형 공대지 미사일 계획이다.

JAS(jakt, attack, spaning) 전투, 공격, 정찰. 그리펜의 명칭이다.

JASSM(joint air-to-surface stand-off missile) 합동 공대지 스탠드오프 미사일. AGM-158의 명칭이다.

JAST(joint advanced strike technology) 합동 선진 타격 기술.

JDAM(joint direct attack munition, JDAM) 합동정밀직격탄. 유도장치에 GPS와 INS를 사용한 정밀유도폭탄이다.

JIRD(joint interim requirement document) 합동 잠정 요구 조건 문서.

JSF(joint stike fighter) 합동공격전투기. F-35를 채택한 미국의 새로운 전투공격기 계획이다.

JSOW(joint stand-off weapon) 합동 장거리 무기. AGM-154의 명칭이다.

J-STARS(joint surveillance & target attack radar system) 합동 감시 및 표적 공격 레이더 시스템(기). 지상 표적을 탐지하고 공격을 지시하는 항공기이다.

JTIDS(joint tactical information distribution system) 합동 전술 정보 배분 시스템. 전술 정보를 공유하기 위한 데이터 링크 장치의 명칭이다.

[L]

LCA(light combat aircraft) 경량 전투기. 일반적으로 단발의 소형 · 경량 전투기를 가리키는데, 인도가 독자적으로 개발한 전투기 테자스의 개발 계획명으로 이용되었다.

LIDS(lift improvement device system) 양력 증강 장치. AV-8B의 동체 아랫면에 부착된 펜스 판에 엔진 배기의 반사 공기 흐름을 가두고, 동체를 들어올리는 힘으로 사용하는 것이다.

LJDAM(laser joint direct attack munition) 레이저 합동정밀직격탄. JDAM 정밀유도폭탄에 레이저 유도장치를 추가한 것이다.

LOAL(lock on after launch) 발사 후 추적. 미사일을 발사한 후에 표적을 포착해서 록온하는 방식이다.

LRIP(low-rate initial production) 저비율 초기 생산. 초기 단계의 양산 계약을 토대로 하는 제조 작업이다. 그 기종이 실전 태세에 들어갈 때까지는 생산 기수의 많고 적음에 관계없이 모두 LRIP라고 부른다.

[M]

MGS(missionized gun system) 임무형 기관포 시스템. F-35B/C용 기관포 포드의 명칭이다.

MIDS(multi-functional information distribution system) 다기능 정보 배분 시스템. 다기능 데이터 링크 장치의 명칭이다.

MLU(mid-life upgrade) 수명중근대화. 전투기의 운용 수명 중에 성능 향상을 위해 개조하는 것을 가리킨다.

MRF(multi-role fighter) 다용도 전투기.

MYP(multi-year procurement) 다년도 조달. 본격적인 양산 단계에 들어간 장비품을 여러 해에 걸쳐 조달하는 계약.

MLU
MLU의 작업 개시를 기념해 도장을 새롭게 한 덴마크 공군의 F-16B.
(사진 제공 : 록히드 마틴)

[N]

NACF(navy air combat fighter) 해군 공중전 전투기. F/A-18 호넷을 채택한 미국 해군의 새로운 전투기 계획의 명칭이다.

NATO(North Atlantic Treaty Organization) 북대서양 조약 기구. 미국과 서유럽 여러 나라로 구성된 군사동맹 기구이다. 현재 28개국이 가맹했다.

NCO(network centric operation) 네트워크 중심 작전. 데이터 링크를 사용해서 정보를 공유하며 수행하는 작전이다.

[O]

OLS(optical line scanner) 광학식 라인 스캐너. T-50에 장착한다. 전자광학 장치를 사용한 센서이다.

OLS(optical locator system) 광학식 위치 파악 시스템. MiG-35의 전자광학식 센서이다.

OSF(optronique secteur frontal) 전방용 광학 센서. 다소 라팔이 장착하는 전자광학 센서이다.

[P]

PAK FA(perspektivnyi aviatsionnyi kompleks fontovoi aviatsyi) 전술 공군용 장래 항공 전투 복합체. 러시아 공군의 새로운 전투기 계획의 명칭이다. 수호이 T-50이 채택되었다.

PAW(passive attack weapon) 수동 공격 무기. CBU-107 클러스터 폭탄의 명칭이다.
PIRATE(passive infrared airborne tracking equipment) 수동식 적외선 공중 추적 장치. 유로파이터가 장착하는 전자광학 센서이다.

PIRATE
유로파이터의 적외선 센서 PIRATE
(사진: 아오키 요시토모)

PSFD(production, sustainment and follow-on development) 제작 · 유지 및 지속 개발. SDD에 이어 실시되는 F-35의 개발 작업 단계.

[R]

RAM(radar absorbing materials) 레이더 흡수 물질. 레이더파를 흡수하는 소재, 코팅 등이다.
RAS(rader absorbing structure) 레이더파 흡수 구조. 조사된 레이더파를 가두는 구조이다.
RCS(radar cross section) 레이더 단면적. 물체가 레이더파를 반사하는 수준을 가리키는 수치이다.
RFP(request for proposal) 제안요청서. 어떤 프로그램에서 일정 조건을 충족하는 제품의 제안서를 제출해달라고 요구하는 서류.

[S]

SCP(security cooperation participant) 보안 협력 참가국. F-35의 개발 작업에 참가하는 한 형태.
SDB(small diameter bomb) 소직경 폭탄. 소형의 활공식 유도 폭탄이다.
SDD(system development and demonstration) 시스템 개발 및 실증. 항공기의 개발 작

업 단계 중 하나이다.

SEAD(suppression of enemy air defense) 적 방공망 제압. 적의 방공 레이더나 지대공 미사일의 사격 통제용 레이더를 공격하는 임무이다.

SLAM(stand-off land attack missile) 표적에서 상당히 떨어진 거리에서 발사할 수 있는 지상 공격 미사일. AGM-84E/H의 명칭이다.

SMAU(stop motion aimpoint update) 정지 화면 조준 업데이트. SLAM과 SLAM-ER의 조준점 선택 방식의 명칭이다.

SSF(supersonic STOVL fighter) 초음속 STOVL 전투기.

Sta.(station) 스테이션. 각종 무장을 장착하는 장착대를 말한다.

STOVL(short take-off and vertical landing) 단거리이륙 수직착륙. 매우 짧은 활주 거리에서 이륙하고, 수직으로 착륙할 수 있는 항공기이다.

[T]

TAI(Tusas Aerospace Industries) 투사스 항공 산업. 터키의 항공기 제조업체이다.

TDD(target detection device) 표적 탐지 장치. 퀵 스트라이크 기뢰에 사용되는 표적/목표 탐지용 센서이다.

TR(transmitter/receiver) 송수신기. 레이더에서 전파를 송수신하는 기기이다.

[V]

VLO(very low observable) 초저피탐성. 각종 탐지 수단에 포착되기 어려운 스텔스성을 뜻한다.

VSI(Vision Systems International) 비전 시스템스 인터내셔널. F-35용 헬멧 시현장치를 개발한 기업이다.

V/STOL(vertical/short take-off and landing) 수직 단거리 이착륙. 단거리 활주로 이착륙하거나, 수직으로 이착륙할 수 있는 형태의 항공기이다. 헬리콥터는 포함되지 않는다.

V/STOL
미국의 V/STOL 시험기 로크웰 XFV-12A. 완성은 했지만 비행한 적은 없다.
(사진 제공 : 로크웰)

[W]

WCMD(wind corrected munition dispenser) 풍향 수정 확산탄. 클러스터 폭탄의 명중 정밀도를 높이기 위해 개발한 키트이다.

WVR(within visual range) 시계 내 사정. 단사정을 뜻한다.

참고문헌

「Joint Strike Fighter」, Gerard Keijsper(Pen & Sword Aviation, 2007)
「Jane's All the World Aircraft」 각 연도판(IHS Jane's)
「Jane's World Air Force Issue Thirty-three」(IHS Jane's, 2011)
「Chinese Aircraft」, Yefim Gordon, Dmitriy Komissariov(Hikoki Publications, 2008)
「전투기 연감(戦闘機年鑑)」 각 연도판, 아오키 요시토모(이카로스 출판)
「21세기로 향하는 전투기(21世紀への戦闘機)」(항공저널사, 1987)
〈월간 항공 팬(月刊航空ファン)〉 각호(분린도)
〈월간 J윙(月刊Jウィング)〉 각호(이카로스 출판)
〈월간 에어월드(月刊エアワールド)〉 각호(에어월드사)
※ 이 외에 각 회사 · 조직의 자료와 홈페이지를 참고했다.

경이로운 5세대 전투기 **F-35**

지은이 | 아오키 요시토모
옮긴이 | 권재상
펴낸이 | 조승식
펴낸곳 | (주)도서출판 북스힐

등록 | 제22-457호

주소 | 142-877 서울 강북구 한천로 153길 17
홈페이지 | www.bookshill.com
전자우편 | bookswin@unitel.co.kr
전화 | 02-994-0071
팩스 | 02-994-0073

2014년 1월 5일 1판 1쇄 인쇄
2014년 1월 10일 1판 1쇄 발행

값 12,000원
ISBN 978-89-5526-732-7
978-89-5526-729-7(세트)